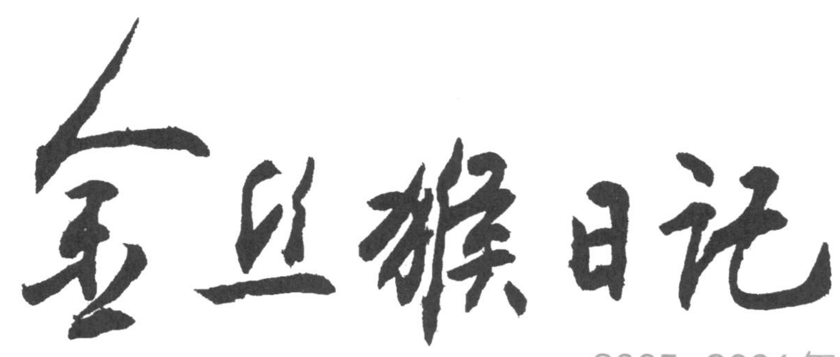

2005~2006年

神农架自然保护区金丝猴考察队 著

中国林业出版社

图书在版编目（CIP）数据

金丝猴日记．2005～2006年／神农架自然保护区金丝猴考察队著．—北京：中国林业出版社，2014.10（2019.7重印）

ISBN 978-7-5038-7684-4

Ⅰ．①金… Ⅱ．①神… Ⅲ．①自然保护区－金丝猴－科学考察－湖北省 Ⅳ．①Q959.848

中国版本图书馆CIP数据核字（2014）第235611号

策划编辑：肖静
责任编辑：肖静　田红
书籍设计：睿思视界视觉设计

出版：中国林业出版社（100009 北京西城区刘海胡同7号）
E-mail：wildlife_cfph@163.com
电话：(010) 83143577
印刷：固安县京平诚乾印刷有限公司
版次：2014年10月第1版
印次：2019年7月第3次
开本：700mm×1000mm　1/16
印张：23
印数：3001～13000册
定价：49.00元

▲ 层林尽染

▲ 巴山冷杉林群落

▲ 神秘丛林

▲ 神农架

▲ 山泉结成冰凌，亮晶晶地挂在山坡上

▲ 崇山峻岭

▲ 杜鹃林

▲ 千家坪漂亮的小白杨

▲ 阴峪河（秋）

▲ 阴峪河（春）

▲ 阴峪河（夏）

▶ 大龙潭（秋）

▲ 大龙潭（冬）

◀ 大龙潭（夏）

▼ 燕天垭（春）

▲ 千家坪（秋）

▼ 千家坪（春）

▲ 金猴岭瀑布

◀ 神农谷底

▲ 公猴背部有金色长针毛

▼ 公猴胯部乒乓球大小的淡蓝色睾丸，非常醒目

▼ 母猴胯部没有睾丸

▲ 幼猴通体黑灰色，难分雌雄

▼ 亚成年猴

▲ 刚出生的婴猴

▲ 幼猴难分雌雄

▲ 成年公猴嘴角有瘤状突起

▲ 一个月后，幼猴黑毛逐渐脱去

◀ 八个月至三岁间，幼猴背上长出橙红色毛发，面部和腹部毛发变为乳白色，在头部和部分位置仍长有少量黑色毛发

▲ 群体注视新事物

▲ 迁徙

▲ 采食树叶

▲ 享受日光浴

▲ 猴群在地上休息

▲ 荡秋千

▼ 跳跃

▼ 理毛

▲ 飞跃

▶ 交配

▲ 小妾给正室理毛

◀ 休息

▲ 大胆与妻子谈心

▲ 大胆家庭

▲ 小新家庭

▲ 母猴与小猴

▲ 小猴趴在妈妈怀里迁移

▲ 小猴在树上找食

▲ 喂奶

▲ 育幼

▲ 母猴和小猴休息

▲ 蹦跳作威

▲ 幼猴嬉戏

▲ 小猴扯玩树枝

▲ 小猴自娱自乐

▲ 一家抱团取暖

▲ 冬季取食人工补充的松萝

▼ 雪地爬行

▲ 冬季抱成一团御寒

▼ 冬季怀抱幼崽在雪地取食人工补充的松萝

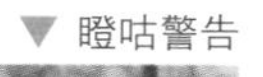

▼ 瞪咕警告

▲ 作威

▲ 张嘴示好

▲ 野山楂 (*Crataegus cuneata*)

▲ 垂丝丁香 (*Syringa komarowii* var. *reflexa*)

▲ 湖北花楸 (*Sorbus hupehensis*)

▲ 臭樱 (*Maddenia hypoleuca*)

▲ 三叶木通 (*Akebia trifoliata*)

▲ 京梨猕猴桃 (*Actinidia callosa* var. *henryi*)

▲ 青荚叶 (*Helwingia japonica*)

▶ 巫山北鲵 (*Ranodon shihi*)

▶ 棘皮湍蛙 (*Amolops granulosa*)

▲ 中华蟾蜍 (*Bufo gargarizans*)

▼ 虎斑颈槽蛇 (*Rhabdophis tigrina*)

▲ 黑斑蛙 (*Rana nigromaculata*)

▲ 菜花烙铁头 (*Trimeresurus jerdonii*)

▲ 橙翅噪鹛 (*Trochalopteron elliotii*)

▲ 白喉噪鹛 (*Garrulax albogularis*)

▲ 红腹锦鸡 (*Chrysolophus pictus*)

▲ 红腹角雉 (*Tragopan temminckii*)

▲ 蓝喉太阳鸟 (*Aethopyga gouldiae*)

▲ 中华竹鼠 (*Rhizomys sinensis*)（左侧为白化的中华竹鼠）

▲ 野猪 (*Sus scrofa*)

◀ 梅花鹿 (*Cervus nippon*)

▼ 小麂 (*Muntiacus reevesi*)

▲ 鬣羚 (*Capricornis sumatraensis*)

▲ 豹猫 (*Felis bengalensis*)

▲ 林麝 (*Moschus berezovskii*)

神农架自然保护区金丝猴考察队

主　任　廖明尧

副主任　王大兴　冯子兵

成　员　杨敬元　钱　烨　姚　辉　余辉亮　杨开华　杨万吉　黄天鹏　吴　锋　周　捷　刘　强　杨敬文　杨敬龙　张玉铭

序

1979年，中美联合考察团在湖北神农架发现了川金丝猴，在此之前，神农架山区从未被列入川金丝猴的分布地。1980年，首次公开报道神农架是金丝猴地理分布的最东端。这一发现令中外震惊。神农架以其独特的地理环境和立体的小气候，孕育了丰富的动植物资源。这里几乎生活着北自漠河、南至西双版纳、东自日本中部、西至喜马拉雅山具有代表性的动植物物种，是我国东西南北动植物种类的过渡区和交汇地，令无数科学家神往。

神农架金丝猴是大自然赐予人类的宝贵财富。为保护好这个珍贵的

神农架金丝猴

自然遗产，2005 年湖北神农架国家级自然保护区组建了金丝猴考察队，对金丝猴种群进行全天候跟踪考察。考察队掌握了大量的第一手资料，对金丝猴的社会结构、食性、行为、繁殖和保护进行了探索和研究，对金丝猴濒危原因有了规律性的认识——冬季食物匮乏是导致神农架金丝猴种群濒危最主要的因素之一。神农架国家级自然保护区科研团队开展了金丝猴人工补食实验，并取得了成功。保护区搭建了中国乃至世界金丝猴保护研究平台，为国际与国内深入研究金丝猴奠定了基础，对人们了解金丝猴社会、保护金丝猴种群，具有划时代的意义。

神农架金丝猴考察队穿越悬崖峭壁、饱受风雨雷电、抗击洪水猛兽、熬过冰天雪地、历经千辛万苦、跋涉千山万水、用尽千方百计，用青春和坚守、生命和毅力谱写了人类金丝猴保护研究史上的璀璨篇章。

我有幸成为神农架金丝猴保护与研究的决策者、组织者、参与者，十年蹉跎的岁月，我们的金丝猴科研团队具备了研究实力，金丝猴研究平台富有了人文魅力，金丝猴的研究事业充满了无限活力。《金丝猴日记》将一些鲜为人知的研究经历奉献给敬畏自然、热爱自然、保护自然的人们。

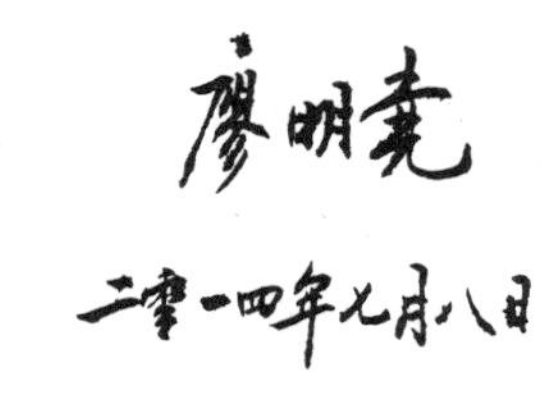

目录

引 言

9月的神农架大龙潭，已是深秋，清晨的一场大雾从深山蔓延，模糊了眼前的世界，即便落叶的季节还没有到来，整个森林也已然陷入了无边的萧瑟、肃穆和静谧之中。突然之间，一声短促而嘹亮的嘶鸣仿佛冲散了重重的迷雾，“噫……”，随之而来的是一阵隐约的骚动，然后从森林深处，或远或近的回音，从各个方向传进耳朵，“噫……”，“噫……”，这此起彼伏的音符，合鸣成森林里的一支晨曲，万物从慵懒中苏醒，抖擞精神，开始了一天的奋力生长。

大龙潭的平凡一日，从此刻开始。

唱响晨曲的，是一支金丝猴部落。

1869年，在四川西部密林中穿梭的猎人们，捕杀到6只金黄毛发、蓝色面庞、鼻孔朝天的“长尾巴猴”。这六只在自然科学史上尚不明身份的“新”物种，被法国传教士、自然科学家佩尔·戴维（Père David）带回了欧洲大陆，并被命名为“仰鼻猴”（snub-nosed monkey），从此进入了现代动植物分类学的序列当中。

“仰鼻猴”的另外一个名字更为人所熟知——金丝猴。金丝猴，顾名思义，就是毛发金黄的猴子，是地球上稀有的珍贵动物之一。世界上的金丝猴仅有5种，它们分别是川金丝猴、滇金丝猴、黔金丝猴、怒江金丝猴和越南金丝猴，前三种属中国特有物种。金丝猴虽有5种，但名副其实的金丝猴就只有川金丝猴，又叫黄色金丝猴。川金丝猴面部皮肤呈蓝色，尾巴和身子差不多长，成年雄猴长着一身金黄色的披肩毛发，从头部以上红得发亮，最长可达30多厘米，披散下来就像一件金黄色的“披风”，耀眼夺目。因此，只有川金丝猴才能真正称得上“美猴王”。

目前，除中国外，这些稀世珍宝在世界上仅有法国、英国等极少数国家的博物馆中收藏有若干标本。金丝猴的珍贵程度与大熊猫齐名，同属“国宝”，深受人们喜爱。

川金丝猴是世界上最早被人发现的仰鼻猴属动物，发现地点在中国秦岭地区，区域地质属于100多万年以前的更新世时期。一般认为金丝猴的祖先是欧亚晚中新世至上新世时期的中猴（*Mesopithecus*，一种古老的疣猴）。由于2.5万年前的地质变化，仰鼻猴发生地理隔离，演化出4个种。依据不同的生态特点，进入高海拔生存的滇金丝猴被称为进化上的先进种，而越南金丝猴相对最原始，黔金丝猴相对较原始，川金丝猴与黔

神农架川金丝猴

金丝猴亲缘较近。怒江金丝猴是较晚从滇金丝猴中分离出来的一个种。

神秘丛林

川金丝猴原广泛栖息在亚热带地区的低山森林地带，属树栖动物，其存在和发展与森林环境关系密切，失去森林就会影响其生存。由于人口大量增加，为解决吃饭、住房、建设用材等问题，都要砍伐森林，致使川金丝猴的生活环境发生了巨大的变化，迫使其从低山地带的阔叶林逐渐向中高山地带的针阔混交林、针叶林迁移，即从山丘地带的普遍分布变为向深山地区收缩，栖息地不断消失，分布范围越来越小，后来只能残存在高山峻岭、人类活动很少的地方。

川金丝猴分布区的变化，大体经历下面一些过程：首先是数量的急剧减少，接着从一些环境条件较差的地区消失，而在另一些条件较好的地区尚有保存，使分布区形成互相隔离的“孤岛”状，最后一些“孤岛”再相继消失。这种局面形成于 18 世纪，19 世纪到 20 世纪情况加剧，目前仍在继续。

从 18 世纪开始，金丝猴赖以生存的森林不断遭到破坏，例如，在秦岭山区，仅周至县到洋县，砍伐林木的人就不下数万，使得许多地方的川金丝猴相继灭绝，比如甘肃秦州，陕西凤翔，广东广州、惠州等地区。到了 19 世纪，又从湖北西部、湖南西部、江西东部、贵州东北部、四川东南部等地区不断退却，这是川金丝猴分布区缩小幅度最大的一个时期。20 世纪最大的变化，则主要是甘肃南部、陕西南部、贵州北部、四川

神农架金丝猴生活的地方

西南部等地分布范围的继续缩小和广西分布区的消失，如今仅剩下几个小分布区。

为使川金丝猴繁衍生息的栖息地不再遭到破坏，我国相继建立了以保护金丝猴为主的自然保护区，比如湖北神农架，四川黄龙寺、白河、九寨沟、王朗、唐家河、蜂桶寨，陕西周至等。1987 年，据尤迪（Eudey）估计，川金丝猴总数不超过 15000 只；1998 年，据胡锦矗估计，在四川与甘肃南部的川金丝猴总数约有 20000 只。目前，川金丝猴分布于四川、甘肃、陕西和湖北四省，总计约 25000 只，其中四川约 15000 只，甘肃约 3000 只，陕西约 5400 只，湖北约 1600 只。在湖北主要分布于神农架林区。

神农架金丝猴种群与四川和陕西种群在地理分布上呈相互隔离状态，成为一个典型孤立的“小种群”。研究发现其遗传多样性非常低，因此，该种群在金丝猴进化史上占有重要的地位。1977 年，“鄂西北奇异动物科学考察队”在神农架采集到 2 只川金丝猴标本。1980 年，华东师范大学学者刘民壮首次报道神农架分布着川金丝猴，

神农架金丝猴生活的地方

从而将过去由外国专家认定的川金丝猴种群分布区间从东经 101°～105° 延伸到东经 110° 03′～110° 33′ 的湖北省神农架境内。神农架成为世界金丝猴最东部的“边城”。

历经漫长的山河变迁，它们来到这里，建立起自己的城邦，而人类的砍伐与拓荒，急速挤压着它们的丛林。所幸它们需求无多，自隙缝当中，兀自生存。一直到森林回归野性，它们重又取回了原本属于自己的领地。

神农架金丝猴主要分布于大小千家坪、大小神农架、金猴岭、大龙潭、螺圈套等区域，海拔在 1600～3000 米，总面积约 210 平方千米。初步统计，神农架现有川金丝猴群体 3 个，即千家坪、金猴岭和大龙潭群体，分成 8 个小群体，共约 1282 只。千家坪群体包括鸡心尖、城墙湾和雷家屋场 3 个小群；金猴岭群体包含金猴岭和红石沟 2 个小群；大龙潭群体则包含了观音洞、矮山池和鱼儿沟 3 个小群。

神农架冬季漫长，每年的冰冻期长达 6 个月之久。严寒的天气和食物的匮乏，致

神农架金猴考察队

使部分金丝猴死亡。冬季已成为神农架金丝猴种群发展的障碍，研究、保护神农架金丝猴迫在眉睫。

2005 年 3 月，湖北神农架国家级自然保护区管理局局长廖明尧带队到陕西周至自然保护区考察学习金丝猴研究工作。考察结束后，经过认真分析，决定成立神农架金丝猴考察队，摸清神农架金丝猴生活习性，尽可能地接近它们，建立友情，为以后金丝猴的研究搭建平台。随即，组建了一个科考队，住地选择在原神农架奇异动物考察基地——大龙潭。

2005 年的 4 月 15 日，由杨敬元、姚辉、黄天鹏、刘强、杨敬龙 5 人组成的科考队开始深入密林，与金丝猴“同吃同住同迁徙”，用脚步追踪这种在林间跳跃、总是神出鬼没的小精灵，观察它们的习性，并试图进行“人工补食”接触猴群计划，与猴群建立信任，帮助它们度过神农架冰封的冬季。

考察队和金丝猴的故事，从此开始。之后，张玉铭、余辉亮、吴锋、杨敬文、李云、陈光明、田思根、蔚培龙、杨万吉、田产常、杨忠林、尤特、孙凯林等陆续加入。他们耐住寂寞，与森林为伴，听闻金丝猴日益靠近的“歌声”，于艰难中获得快乐。

正如大家一开始所预料的，对金丝猴的跟踪考察，进行得非常艰难，因为最终目的是让这种极度敏感的生灵接受来自人类的食物，而它们却一直保持警惕，拒人于千里之外，即便是接近一小步，都会遭到金丝猴“哨兵”的严正“警告”。

考察队员只能追随猴群的脚步，在森林当中不停行走，即便遇上大雨、霜冻、降雪等恶劣气候，仍然坚持下来，用双脚，跟林间“飞翔”的金丝猴不停赛跑。

2005 年 12 月 28 日，是一个值得纪念的日子。在考察队开始向猴群投放苹果 2 个月后，大龙潭的金丝猴们，终于冲破隔膜，迈出了历史性的一步。它们剥开苹果上覆盖的松萝，朝这些素未谋面的怪东西，大胆地啃了一口。

这简直是一次“创世之吻”，一根伸向考察队的“橄榄枝”。不久之后，它们兴许尝到了甜头，不再拒绝我们的投喂，并且主动靠近。

如今的大龙潭，已经变成了人猴嬉乐的伊甸园。它们对频繁出入的人，没有了丝毫敌意，不管是陌生的游客，还是朝夕相处的朋友。对金丝猴的观测、研究，也变得轻而易举起来。

这一切，得益于 2005 年 4 月到 2006 年年底的那 626 个风餐露宿的日日夜夜。我们把那些艰苦但甘甜的日子，原原本本地记录了下来。

大龙潭金丝猴部落的迁徙路线

神农架川金丝猴是群居性社会动物，并在固定的生活圈不断迁徙。它们迁徙可能一部分受到食物的影响，不同地域、不同季节，可以供给金丝猴部落的食物在种类、数量上，亦不相同。

无论原因何在，它们在森林间不停地行走，不仅增加了种群间彼此交流的机会，也让它们的行踪对外界来说一直是神秘不定的。

想在野外看到金丝猴是很困难的，这不利于我们加深对它们的了解。我们从 2005 年开始耗费了 2 年时间，由跟踪到圈定栖息地，与这群猴子长久地生活在一起。

当然，这都是在经过 626 个风餐露宿的日日夜夜之后的事情。

回到原点，首先来认识这群我们在野外跟踪了 2 年的金丝猴的迁徙路线。

以桥洞沟为界，大龙潭金丝猴部落的迁徙路线分割成两半，南半部分在靠近我们驻扎地的观音洞到扇子坝之间。矮山池是这片区域的中心部分，也是猴群进出螺圈套大峡谷的通道之一。

这一区域以观音洞到扇子坝之间的弧形山脊为界线，西侧是垂直沉降超过 2000 米的螺圈套大峡谷，东侧是以针叶林、落叶林为主的高山森林褶皱带，平均海拔在 2500 米以上。

神奇秘境

猴群在翻过桥洞沟，进入南部区域后，一般会选择由矮山池豁口进入大峡谷，然后从峡谷南部的观音洞出来。这两地是我们在前期跟猴时，发现猴群出现次数最多的地区。猴群一旦进入螺圈套大峡谷，我们就只能等待。峡谷周围的峭壁，就是一道天然的屏障，将螺圈套大峡谷与外部环境隔开，使之成为孤岛中最后一片人类无法涉足的秘境。

所以，在南部区域跟猴时，最大的困难是猴子进入了螺圈套后，我们就只能围着边缘的山脊，远远地查看，根据经验，分析猴子是在向北迁徙，还是翻过观音洞，即将进入我们的生活圈——大龙潭。

桥洞沟以北是林业管理局的管辖地带，因为距离大龙潭监测点较远，猴群向北迁徙后，我们就会选择在此进行野外扎营。

猴群翻过桥洞沟的目的是迁徙到长久以来它们活动区的最北界——大草坪、将军寨一线。这里与划为保护区的矮山池一带不同，住有农户，猴群经常受到人类干扰，迁徙中的变量因素很大。

北方地区已经不在螺圈套大峡谷的范围之内，这里拥有比南方地区大得多的广饶森林与连绵起伏的高海拔山脉。在众多的河流山谷中，天赐垭是猴群的必经通道，其意义就像观音洞、矮山池豁口一样，是金丝猴广阔的迁徙路线中，因为地理环境或者水源因素限制，而形成一条狭窄通道。

穿过天赐垭，就必须穿过经常驰有解放牌汽车的板仓公路。所以，板仓公路天赐垭段是我们蹲守的重点。在后来的跟猴经历中，我们一次又一次与它们在此地周旋。

猴群穿过天赐垭，在火石沟补充水源后，就直奔大草坪，在北方逗留了快 1 个月之后，它们才会选择经天赐垭返回南方。

返途的路线有很多种，它们可以从大草坪下来，经海拔较低的朱家湾，喝饱水后，走黄泥巴沟，进入桥洞沟，返回南方的矮山池地带，或者经天赐垭攀上阴坡（螺圈套大峡谷的最北界），直接进入大峡谷，一路向南，从矮山池豁口或者干脆到观音洞再出来。

正由于路线是可以随意、多样性选择的，要在广饶的神农架森林中掌握一群数量在 120 只的猴子的行踪，几乎是不可能的。在长期的跟猴中，我们也多次跟丢猴群，有的时间甚至长达半月之久。

据说，金丝猴的迁徙路线是由维护群体安全的全雄单元负责的，这里面有猴群中最年长、久经沙场的雄猴，想跟上它们，除非我们可以猜得透这群猴子脑袋里的真实想法。

当然，这份大龙潭金丝猴部落迁徙路线的详细描述是 2005 年我们野外跟猴的 1 年之后划定的，而在此之前，我们只能依靠猴群留下的痕迹，自己的经验与运气，在广饶的神农架山谷中，寻找森林的孩子——川金丝猴。

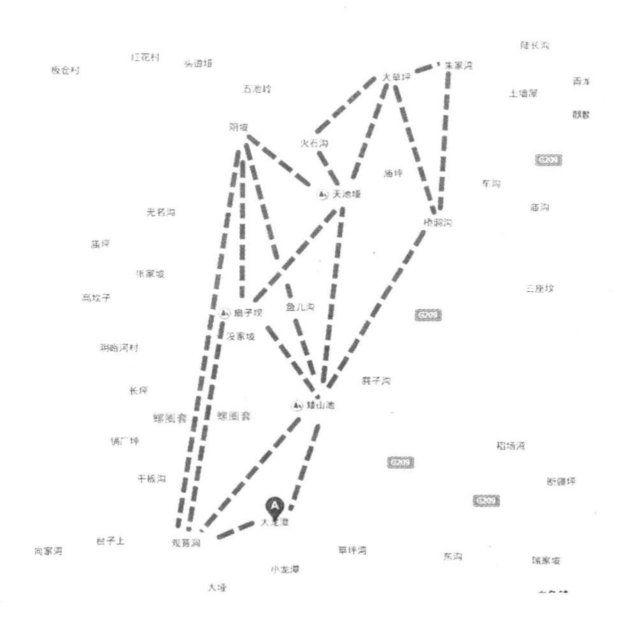

大龙潭金丝猴部落迁徙路线

最初的胜利

2005 年 4 月 15 日～5 月 2 日

最开始的 17 天是从迷茫走向希望的 17 天。少有跟猴经验的我们，在缺少必要的装备与食物补给的情况下，开始了一项似乎不可能完成的任务——接近野生川金丝猴。

接触它们的目的很简单：建立野生川金丝猴对人的信任，帮助它们度过 6 个月的冬天。

长久以来，生存在神农架的野生川金丝猴因为地理环境的隔断，与外界很少存在种群交流，而开始于 20 世纪 50 年代的森林砍伐，大面积地破坏了它们的栖息地，加之人类的猎杀、自然环境恶劣，生活在神农架的野生川金丝猴数量一度逼近 500 只。

1970 年，经国务院批准，神农架独立为林区，1982 年神农架国家级自然保护区成立，金丝猴先后被列为重点保护对象。进一步的接触、研究也陆续进行。

虽然早在 1980 年，神农架金丝猴就被确定存在，但由于野外研究跟进的困难，对于它们的种群数量、生活习性，很难展开进一步研究。

在野外跟踪研究野生川金丝猴的困难是显而易见的。首先，金丝猴生活在树上，善于攀援，在神农架无边无际的原始森林中，它们是森林的宠儿，而我们人类只能靠两只脚在山脊上，远远跟踪它们。稍不留意，跟踪人员就会被猴群发现，猴群便作鸟兽散。其次，川金丝猴是社会性群居动物，有固定的生活圈，无时无刻不在迁徙，可以说是吃饱了睡，睡足了走，晚上走到哪，就在哪休息，很少在一个地方停留一周或者一周以上。另外，神农架野生川金丝猴基本生活在海拔 1600 ～ 3100 米的高海拔地带，尤其喜欢在 2000 米以上的落叶林、针叶林带生存、停留，而人要到达这些地区，需要很好的体力与耐力。

跟踪金丝猴的日子，是凶险的，丛林无时无刻不在显露着各种杀机：悬崖、迷雾、雪期、山洪、缺水、野兽……

而正因为面对很多挑战，我们跟踪接近金丝猴、与它们建立友谊，才显得弥足珍贵。

而在最初，我们连金丝猴在哪都不知道，更别说试图接近它们，让它们接纳这些山外来客了。

2005 年 4 月 15 日　小雪

2005 年 4 月 15 日上午，神农架自然保护区管理局局长廖明尧委托时任副书记、副局长的王大兴召集研究所杨敬元及临时抽调来姚辉、黄天鹏、刘强等人专题研究组建金丝猴考察队，即日起开始对神农架金丝猴进行全天候跟踪考察，全面掌握其种群数量及分布范围，为科学保护该物种及栖息地提供决策依据。

下午少有的阳光穿过云层，照射在大龙潭长满山杨与红桦的山坡上，地上尚有积雪。

我们乘坐一辆破旧的军用吉普，来到早有耳闻的大龙潭金丝猴野外考察第一站营地。

大龙潭金丝猴野外考察第一站营地

这里呈现在大家面前的是建于20世纪60年代的3排房子，还是让人为夜晚的寒冷担忧。

我们带上山的食物并不多，除了一些必要的干粮与其他生活用品外，继续的补给要从离营地数十里[1]的木鱼小镇运上来。沿途不好走，来回要花掉2个多小时。

下来执行这项任务的同志中有3位是神农架自然保护区没有什么跟猴经验的年轻人，只有杨敬元和杨敬龙曾经对金丝猴进行过定期跟踪考察。

开始大家对能不能最快地找到猴群产生质疑。神农架的川金丝猴大概分布在以金猴岭、大龙潭、千家坪为中心的三个栖息区。生活在神农架的金丝猴，生在树上，死在树上，一生都在不断迁徙、行走。

这种沿着固定生活圈不断迁徙，受食物的影响较大。不同的季节，神农架不同的海拔、不同的区域，可以食用的果实不同。而不断的迁徙，也为不同种群之间的金丝猴提供了直接交流的机会，对于丰富种群遗传基因大有裨益。

猴子不断游荡、四处寻找食物，用人的脚步去追上它们，确实几率渺茫。不过对于从1997年就参加北京大学对神农架川金丝猴社会长期跟踪研究的杨敬龙而言，找到并跟上猴子似乎并不存在太大困难。

在商讨了明天的具体行程后，大家在简陋的大龙潭野外动物观测点吃了顿简单的烛光晚餐。想到日后不知还有多少个这样身在林野的日子,大家毫无倦意地躺在地铺上，抽着烟，各自想着事情，不知不觉都睡着了。

2005年4月16日　阴

天刚亮，阳光还没有穿过落叶林投射过来，昨夜的小雪堆积在山杨即将抽芽的枝条上，从监测点看过去，还不见那些休眠芽有苏醒的迹象。可能，再过半个月，它们就会从长达6个月的神农架冬季中醒来，染上一层久违的微紫色，近看像桑葚。

很早，就已经有人生火做饭了。今天的寻猴计划是在这片方圆100千米的大龙潭腹地寻找踪迹。带上望远镜等一些必备物资，我们沿着大龙潭周围的山脊向老道洞出发。一路，

① 1里=500米。以下同。

红腹锦鸡

除了落叶松林中的几只野鸡，什么也没发现。

接近中午时，终于在一片华山松林中，找到一些看似猴群吃剩的松塔，但是，仅靠这些早已泛黄的松塔，很难判断猴群大小及经过此地的时间。我们沿着猴群的踪迹行走了一段，很快在远处的海拔稍低的山脊上，踪迹消失了。好在，今天大家粗略判断了这群猴可能的行走方向。在太阳没有落山之前，我们准备返回大龙潭营地。

2005 年 4 月 17 ~ 18 日　阴间多云

4 月 17 日，我们打算从红石沟河边上山，不是重复昨天的路线，而是朝向低海拔的大龙潭方向搜寻，一路没发现猴群的踪迹。但是，在河边吃完午饭，准备起身时，走在前面的刘强突然有了发现。

他跑回来，示意大家蹲下，“前面有只猴子！”。大家面面相觑，心如鹿撞，一个个不吭声、轻轻地踩着那些在冬季依然泛着绿色的蕨类植物前进。

果然，在不远处看见一个疑似猴子的身影。可是，随着我们不断地接近，它却依然不动，趴在地上，双眼紧闭。

“它已经死了”，刘强说，“但身体尚有一丝余温”。可以看见它的牙齿已全部掉光，腹部毛发也脱落无几。

这个场面让曾经长期在千家坪跟猴的杨敬元想起了自己 7 年前在千家坪附近的山脊上看到的情景：一只成年的川金丝猴被豹子猎食。当时，他只看到这些珍贵的野生金丝猴的一些皮毛与骨头，像这么近距离地抚摸一只野生金丝猴，他也是第一次经历。

荒野无声，众人静默。这只森林的孩子，就这样回归了生育它的森林。

大家推测，这应该是一只年长的雄猴，已经脱离猴群很长时间，不是被冻死的就是饿死的。

川金丝猴在迁徙中，一些老病猴会自主脱离队伍，成为孤猴。一方面它们的身体很难再跟上猴群。另一方面，脱离猴群，可以隔断病菌的传染，有些研究川金丝猴的人甚至认为，老年猴子希望以这种孤独的方式终老山林。

刘强把这只死掉的猴子背上，带回了营地。这一发现，增强了队员的信心，也证明了我们寻找的大致方向是正确的。于是我们决定继续沿着昨天的路径，接着向观音洞走去。

观音洞是一处山洞的名称，洞里的水连接着两侧山谷的暗河，露出地表的河床一直延伸到海拔稍低的大龙潭监测点，在那里汇聚成两处潭水。从地质上说，这两处潭水是冰河时代的遗迹，而我们每天出发前都要喝它的水。

沿观音洞而上，是一条通往阴峪河大峡谷的山路。年纪稍大的杨敬龙记得在神农架保护区未成立之前，路的尽头还有村庄，路是峡谷内的山民与外界连接的唯一通道，现在，生活在峡谷内部的村民都搬走了，路也荒废了，车子开到观音洞就是尽头。

老猴终老山林

阴峪河

此处是我们瞭望峡谷的一个缺口，靠近公路一侧的山谷很是平坦，而这种平坦的过渡在进入螺圈套大峡谷后就突然结束了，变成了垂直沉降的锅形大峡谷。在金丝猴生活圈中，这里是进入峡谷与翻入大龙潭的必经之地。

我们很快在落叶林下发现了一些痕迹，仔细观察，果然是猴群活动留下的。穿过一片开阔地,借着大树的遮挡,静听森林的动静。果不其然,在经过半个小时的等待之后,一声尖利的叫声划破了森林的静寂。

“是金丝猴！”众人循声而去，不一会儿，果然在一棵枯树上出现了一只猴子。它个头很小，毛色乳黄，年龄不超过3岁，估计刚刚摆脱母猴的怀抱，在树枝上忙着撒野。

大家欣喜若狂，激动得忘记了隐蔽，行踪马上就被猴群发现了。在一阵急切的嘶鸣声中，它们一会便不见了，声音越来越远，我们查看着森林边缘的天际线，记录上它们迁徙的方向，但并没有奢望追上。

川金丝猴生性胆小、机警，只要发现一点人类的踪影，或者听到一丝风吹草动，就会立即逃之夭夭。我们找到了猴群，还没有看个清楚，就不小心惊动了它们，只知道大体往鱼儿沟方向活动。回去的路上，大家都觉得十分遗憾，谁都不想说话，怀着各种复杂的心情，下山去了。

2005 年 4 月 19 ～ 20 日

这两天基本被阴晴不定的天气耽误。4 月 19 日清晨，大家刚起床，廖明尧局长乘坐一辆吉普车给队员们拉来了一些补给。我们简单介绍了这几天的寻猴工作后，廖明尧局长要求一同进山，寻找金丝猴。

吃完早饭后，我们就由大龙潭步行至鱼儿沟，沿着一条废弃的公路向上走。

廖明尧局长一路谈起了自己在神农架工作几十年的往事，尤其在讲到与金丝猴的渊源时很兴奋。廖局长希望科学考察能帮助神农架川金丝猴摆脱生存困境，增加种群数量，并鼓励队员们拿出吃苦耐劳的品质，在森林中与金丝猴一样跋山涉水，窥探它们生存的秘密。谈话之中，我们抵达鱼儿沟。

鱼儿沟是从海拔 2700 米的扇子坝的高山草甸上流下来的溪流，沿着河床是 20 世纪 60 年代为砍伐森林而修建的公路，目前已经废弃，一部分公路甚至成了鱼儿沟的河床。

对于猴群来说，过废弃公路是冒风险的事，一般公路延伸到的地方，一方面因为砍伐生态环境曾经遭到破坏；另一方面公路沿着河床而建，而河床一般都是两山相夹的山谷地带。

猴群必须警惕周围的环境，从海拔较高的山脊快速下降到谷底，再到河床、公路形成的开阔地带，这样做，会把整个猴群暴露无遗。

鱼儿沟与同样发源于扇子坝的桥洞沟两条河床是我们经常寻找猴子线索的地方，从公路两侧的树枝与痕迹，很快就会判断出猴群是向哪个方向迁徙。

4 月 19 日，下午两点，在接近海拔 2600 米的途中，我们终于又发现了猴群的踪迹。廖明尧局长用望远镜仔细观察对面山谷情况，只听到风声从阔叶林中穿过。

显然，昨天的惊扰导致了猴群的迁移，而速度如此之快，超出了我们的想象。于

林间云雾缭绕

是今天只是远远观望，但刚刚听见猴群的叫声，山上便开始起雾，开始还能通过望远镜看到几只猴子在林间飞跃，随着雾气愈来愈大，天色也渐渐变暗，我们再也无法观察到猴群活动了。

雾气是从对面峡谷升起的，越来越浓，穿过山脊的冷杉林，顺势包围了整个鱼儿沟的谷底，再停留可能连回去的路也难以找到，队长决定返程。此时，年纪稍大的廖局长，体力仍很充沛，回来的路上喝了几口山泉水，并坚持与大家步行回去。

下到公路时，已是晚上七点多，大家拖着疲惫的身子，带着遗憾，回到营地。晚上吃了点面条，就休息了。

4 月 20 日，一早就下了小雨，我们冒雨前行，步行到鱼儿沟，爬到海拔 2400 米时仍未见到猴群活动。此时大家已经被雨浇透。虽说寒冷的冬季差不多结束，但是雨水不断消耗着队员们的体温，刘强开始扛不住了，抱怨这雨天也没个停下的意思。

我们实在无法继续前行了，只能原路返回。

2005 年 4 月 21 日

跟猴跟丢了，这是常有的事，而接下来的问题是怎么再找到它们的踪迹，在起身之前，大家对两天前目测的猴群移动方向做了预判。海拔 2700 米的扇子坝是大面积的高山草甸，缺少食物，猴子是无法通过的，我们推断猴群可能进入了螺圈套大峡谷或者沿扇子坝而下。

螺圈套位于大龙潭金丝猴科考基地附近，是一个螺旋式沉降的锅形大峡谷。峡谷中山体绵延，异峰突起，万丈沟壑密布，沟沟相连，沟以螺旋式下旋，深不可测。它的长度大约在 25 ～ 30 千米，最高处海拔 2890 米。底部有多深，却是万古之谜。

整个峡谷是神农架阴峪河大峡谷的一部分，也是其中地形最为复杂、最为神秘的部分，当地人称螺圈套是最好的采药人的葬身之处，据说峡谷底部仍保存着史前地球的森林形态。

目前，人类对它认知很有限。地质学家称其为锅状螺旋沉降的大峡谷，垂直沉降超过 2600 多米，峭壁之下又延伸出山岭，沟壑杂间，刀切一样的山脊直插谷底，当地

螺圈套

人称之为“鸡爪岭”。这些“鸡爪岭”横冲直撞，漫无目的地随意切割着大峡谷的上部空间，而谷底河流丛林中的动植物资料则少有影像面世。

从生物学上说，这块占地超过200平方千米的锅形沉降大峡谷，是动植物生存的伊甸园。垂直的峭壁、幽深的峡谷使人望而却步，1980年的神农架中美联合考察的众多科学家也未能进入。

螺圈套的大致范围在观音洞至阴坡之间。这里被称为峡谷的核心区域，最高点是扇子坝的2742米，峡谷底下的海拔没有记录在案，因为根本没有人真正地下到底。

在1997年与北京大学合作跟踪神农架野生金丝猴的杨敬文，曾多次从扇子坝、豹子洞进入螺圈套，下去的原因也是追猴子。有时候，猴群进入螺圈套后，十天半个月不出来，逼急了，杨敬文就下去看个究竟，但每次都是沿路返回。天气晴朗时，从扇子坝那条路上可以看到底下“白花花”的河床。

从大龙潭南侧海拔3000米的双姊妹峰眺望这片峡谷，可以很清晰地看到它的外部轮廓，像极了“半个括号”，扇子坝位于这半个括号的中间，两端是阴坡与观音洞，扇子坝稍微内嵌。从这里下去应该可以纵览螺圈套的核心区域，也是川金丝猴最理想的栖息地之一。

众所周知，川金丝猴是社会性的群居动物，有固定的生活圈与迁徙路线，而生活在大龙潭附近的金丝猴部落，经常迁徙到螺圈套内，这给野外研究金丝猴的专家带来很大麻烦。

为了搞清楚它们在螺圈套内的活动方向，围绕螺圈套大峡谷边缘的山脊成为了跟猴队员常走的路线。围绕这“半个括号”走完可能需要2天的时间，峡谷的外侧延伸非常平坦，甚至出现了草甸，而一旦向螺圈套延伸，立刻陡峭起来，悬崖万丈。

这种地理上的差异在沿着螺圈套大峡谷的边缘跟踪金丝猴时非常明显，似乎是大自然在此处故意设下的一个屏障。所有围绕螺圈套的山脉，到此处开始断裂，再也找不到一块平地，海拔沉降非常剧烈，而螺圈套内的动植物得益于这块天然屏障而保存下来，成为神农架林区至今未被外界熟知的神秘孤岛。

因此，我们今天并不打算冒险进入螺圈套，而是依然步行至鱼儿沟，上至海拔2300米处后，在前两日路过的胜利桥废旧公路附近寻找查看。果然，在距离前天发现猴群的地点不远，又出现了新的活动痕迹，尤其是树上一些刚长出的嫩芽，被啃食精光。

现在看来，雪期尚未结束，发芽的植物还在少数，经过4个多月的食物短缺，这群猴子可以说碰到什么就吃什么了。

我们沿着猴群在胜利桥一带留下的痕迹，翻过横亘在面前的山脊追赶。但猴群迁移太快了，我们一路追，是只见痕迹，不见踪影。

2005年4月22～24日　晴

难得几日的好天气，从大龙潭附近的山脊投射的阳光充满春意。如果不出意外，再隔几天，山杨的休眠芽应该苏醒了，包括沉睡在冻土层中的蛇与蚯蚓。

队员们都心系着昨天跟丢的猴子，早点出发，从监测站上山到老道洞后，稍作休息，又一口气爬到了2600米顶峰。时间没到九点，眺望螺圈套一带，没有任何发现，又接着向观音洞方向寻找。

沿途发现了一些猴群留下的痕迹：地上散落着杂乱的树枝、新鲜的枝叶、没有凋落的陈旧浆果等；还有新鲜的猴屎，暗绿色，像算盘珠子。再向前，遇到绝壁阻挡，人无法通行，只能返回一段，再沿山而下，箭竹丛林当中，一行人几乎是匍匐着艰难穿行。在一处有水的小沟边，我们发现一个新鲜的脚印，向前追赶，绝壁再次阻挡了去路，无法翻越，但可断定的是，猴群已向观音洞方向移动。

箭竹林是神农架峰顶的一大特点。竹丛生长异常稠密，竹竿细长，手指般粗，冬天时全部枯萎，在我们跟猴路上甚是麻烦，因为一不小心，就会弄出声音，而猴子警惕性很高，大老远，放哨的猴子就发出警报，一溜烟，全跑没了。

再发现它们的踪迹是在4月23日的上午，还是昨天拦住我们去路的悬崖，所有猴都只能从一处稍低的地方往下跳，场面非常惊心动魄。这些善于在树林间跳跃与攀爬的灵长类动物，在面对悬崖峭壁时，也稍显谨慎，迁移的速度也明显放慢了。

个别抱着猴仔的猴妈妈在崖边试探，不敢迈步，猴爸爸就在下面，着急地仰头盼望，最后只能绕回到老婆和孩子身边，保护自己的家人安全着地之后，自己再跳下。实在不敢跳的小猴，只好返回山顶，在那里唧唧哇哇、不知所措地叫唤，还好有自己的妈妈、阿姨不忍离去、相伴左右。

为了不惊扰它们安全迁徙，我们打算第二天再到这个位置观察猴群动向。

第二日重回此地时，猴群还在，显然，竖在面前的悬崖是个大障碍，因为我们的干扰，猴子真是被逼到了绝路。一部分跳下去的猴子继续向前走，而剩下的幼猴与雌猴不得不选择其他路径，避开悬崖，再追上它们。

根据声音判断，先头部队已经走远。通过望远镜，大概可以估算这群猴子的数量不少于 120 只。

2005 年 4 月 25 ～ 28 日　晴间阴

为了找到最适合跟踪的猴群，我们今天准备前往紧邻大龙潭的另一个金丝猴活动区——金猴岭，看看有没有其他的猴群在此生活。

早上收拾完装备后，大家从大龙潭出发，穿过浓密的箭竹林与冷杉林后，到达金猴岭，再沿箭竹林而上，向海拔 3000 米的顶峰攀登。第一天下来，个个累得筋疲力尽，但没有发现猴群活动的任何迹象。

我们猜测猴群可能在低海拔处迁移活动，于是沿红石沟而上，依然穿过箭竹林，到海拔 2400 米低处寻找。一路上大家汗流浃背。阳光穿过落叶林，照射在很厚的腐殖层上。尽管路途遥远，但我们没有感觉到累，因为脚下的路就像面包，踩上去非常柔软，这是原始森林底层常年堆积的枯枝烂叶。一些鞘翅目的昆虫俨然已经苏醒，忙着交配、采集食物。

杨敬龙提醒大家注意当地的“裤裆蜂”。这是一种主动蜇人的土蜂，性格凶猛，喜欢在地上筑巢，当人从林下经过，不经意间进入它们的领地时，“裤裆蜂”会毫不客气地钻到你的裤筒里，狠狠蜇上一钩子。

说笑间，碰到一面陡壁，前面已无去路，一路也未发现猴子的痕迹，我们准备返回营地休息。

4 月 27 日，刚吃过早饭，我们就步行至红石沟，然后顺沟而上，爬到海拔 2500 米处。这里的山坳逐渐增多，一个接着一个。我们在此处仔细查找，沿山坳走了一整圈，依然没有找到猴群新近活动的迹象，倒是发现了几个月前留下的一片狼藉。

大家坐下来休息，讨论猴群应该出现的地方。抽完一根烟后，队员们重新起行，在返回的路上，却突然发现一群猴子的踪迹：眼前断枝一地，果实被一扫而空，留下一堆堆绿色的猴粪。本来应该继续追赶，可是天色逐渐变暗，我们只得作罢，决定明日再去寻找。

4月28日，我们又走回到昨天的山坳，再次寻找猴群踪迹。因为此处山坳很多，层层叠叠，很容易隐蔽，所以我们放慢了寻找速度。直到下午三点，在一处山坳的底部，突然听见了猴群叫声。

姚辉端起望远镜，看到一只"长发披肩"的大公猴坐在一棵树上摘食一些嫩芽，其他大部分猴子还在休息，阴晴不定的光线很难穿透山谷的森林，看样子这群猴子还在午休。

为了不惊扰它们，只有姚辉带着刘强首先靠近。他们猫着腰，小心踩着脚下的苔藓、地衣与枯树桩，来到一片开阔地，再往前就容易暴露目标，于是爬上一棵高树，观察、清数猴群的数量——大概有290只。

2005年4月29日～5月2日　晴转小雨

29日清晨九点，太阳终于逼退山谷间的雾气，露了出来。阳光透过林隙，洒落在地面上，形成一片片金色的小圈点，随着树影摇动。

虽然已经发现了两个猴群，但昨天小组会议最后决定到大龙潭活动区外缘的阴坡一带查看，看能否再发现其他猴群，然后再从中选择长期跟踪的猴群。

我们首先步行至鸭子口，搭车前去阴坡。由于路程较远，暂时没有野外装备，晚上就住在板仓。

4月30日一大早，我们就从板仓出发，车行12里到半坡下车。等了半天，太阳还是没有出来，看样子是要下雨了。冒着寒风，我们从一段废旧公路向山顶爬去，到达海拔2400米高处时停下来，开始多方仔细查找猴群痕迹，没有任何发现。我们只好沿山的背部退回板仓。

到了下午，山里的雾更大，能见度只有10米，这大大降低了队员的速度，加之寒冷与迷路的威胁，我们决定向低海拔走去，即使没有发现，也可以很快回到住宿地。

5 月 1 日，雨终于来了，潜伏在灌木丛中的蚂蟥，也伺机出动，我们成了“刀俎上的鱼肉”，被爬了一腿。为了赶路，大家也豁出去了，没时间理会，待它们吸饱了，自己安然离去。

行至一半，所有人都全身湿透，衣服包裹在身上，行动也变得笨拙起来。中午十二点，到山顶后再往前 500 米仍没有发现猴群痕迹，大家准备返回。

回去的路上却迷了路，在山下绕了很多圈，直到下午五点才找到返程的方向。等到下山时，天已黑透。研究所连夜派车，将我们接回大龙潭基地。

截至 5 月 2 日，我们在半个多月的时间里发现了 2 个猴群，一个 120 只，一个 290 只，可以说是一年多的跟猴经历中最初的胜利。经开会讨论，我们决定跟踪大龙潭那个 120 只的猴群。选择这群猴子的原因，主要是考虑到数量少，迁徙范围不会太大，如果在以后的接触过程中，人逐渐被接纳，较少的种群数量便于控制。

矮山池

2005 年 5 月 3 ～ 13 日

矮山池豁口，是这 10 天内我们最常停留的地方。两个凸起的岩石，耸立在螺圈套大峡谷的东侧边缘，这里是螺圈套大峡谷外部豁口的最低点。

从两处岩石上，可以眺望阴峪河大峡谷。几只盘旋的金雕时不时在乘着峡谷底部的上升气流，飞到山脉的顶端，然后再俯冲而下。

我们到这里来的原因很简单，矮山池豁口是生活在大龙潭附近的野生川金丝猴进出螺圈套的必经之路。

前方的扇子坝阻碍金丝猴继续前进的方向，进入螺圈套大峡谷的金丝猴必须从这里翻出来，再经过桥洞沟，进入林业管理局管辖的板仓地界。当然，它们也可以选择绕过扇子坝，继续在大峡谷内迁徙至板仓境内的阴坡，那里是这片锅形大峡谷的最北界。

金丝猴的迁徙路线并不是固定的，矮山池豁口只是因为地理环境的逼仄而在广阔的迁徙通道上形成的稍微收缩的出口。其实在整个迁徙路线中，一些地区是金丝猴始终绕不开的，例如，观音洞，它是大峡谷南部的一个出口，猴子可以从这里翻出，进入大龙潭；又如，在板仓界，金丝猴必须翻过天赐垭与庙坪之间的火石沟，再向大草坪走，因为只有那里可以首先喝到水。

所以，除了地理环境的限制，水源也是决定猴子必经此地的一个关键因素。

掌握了这些常识，我们在后来的跟猴时间上，就稍微主动地把握了具体的方向，而真正要一直跟上它们，并试图建立信任，还有很长的路要走。

2005年5月3～8日

两天的雨，下得我们有点焦急。除了5月3日，冒雨在胜利桥废弃公路上听到猴群叫声以外，我们已经与确定跟踪的那个120只的猴群，失去联系2天了。姚辉判断，猴子有可能已经穿过矮山池，向桥洞沟方向迁徙。

5月6日下午，雨下个不停，正在我们闷闷不乐时，局长廖明尧来到我们考察营地，廖明尧局长说："今天下雨专程来看看，晚上陪大家一起吃顿晚餐"。于是我们在简陋的营地里忙起来，开始洗菜做饭。期间，廖明尧局长时不时问到考察中的点点滴滴，从聊天得知我们考察中存在一些困难和问题，便一一记录下来，对能解决的问题及时给予答复，并勉励我们继续做好后期的考察。

5月7日，天气终于开始放晴。黄天鹏站在大龙潭宿营地抽着烟，队员们分别把潮湿的被子挂在树上晒。天空摆脱了积雨云，阳光也甚为明媚，长在大龙潭周围山坡的落叶松已经开始抽芽了，也就是说，神农架的林野已经开始苏醒，新一轮的生命更替刚刚开始。早饭后，我们直接走到胜利桥的一段山腰，山地的泥土尚含水分，尤其是经过鱼儿沟沟底时，吸满水的腐殖层像海绵一样，一脚下去很深。

废弃公路一带没有发现猴群活动迹象。为了扩大搜索范围，我们决定兵分两路，姚辉和刘强一组，杨敬龙和黄天鹏一组，分别在高海拔带和低海拔带寻找猴群。几个小时后，杨敬龙和黄天鹏打来电话，说在矮山池和鸭子口对面山顶发现猴群，可惜为时已晚，无法做具体观察，只是查明猴群的活动方向后返回。

在确定了猴群可能移动的方向后，5月8日清晨，我们直接来到矮山池豁口，以便截住猴群。不出所料，上午十一点多，在矮山池和鸭子口山梁交汇处传来了猴子的叫声。由于距离较远，只能在望远镜里观察。发现时，猴群已开始休息，只能看见少数几个公猴依偎在高处的树干上，其他金丝猴看不到。直至下午两点多，三四只公猴开始蹦跳玩耍，不一会猴群便活动起来，向螺圈套方向迁移。为了不惊动猴群，我们只能再找一个

雄猴

雌猴

幼猴

视野开阔、海拔较高的地方远远观察。猴子边叫边采食树叶，大部分的猴子正在沿着矮山池豁口的山梁而下。

在野外，川金丝猴的雄猴和雌猴是很好识别的。首先是体型，成年公猴较大，而雌猴则小一半；其次，它们背部的金色针毛也不一样，公猴长，雌猴的则短而稀疏；此外，公猴的嘴角有瘤状突起，乳白色，尤其是胯部乒乓球大小的睾丸，非常醒目。

相比较成年猴子，幼年或者少年的雄猴和雌猴就比较难分辨，特别是幼猴，通体灰色，很难看清是公猴还是母猴。

不过在野外，幼猴都比较活跃，有点“初生牛犊不怕虎”的味道，对外界充满好奇，而成年家长雄猴则警惕得多，时刻观察着周围的环境。

川金丝猴的社会，是没有猴王的，一般由各个小家庭与一个或多个全雄单元组成。家庭内有家长，负责一家老小的生活、安全，家长的职责仅限于此，其他比较重要的，如迁徙路线的选择、对外放哨、部落间或与天地的斗争，则由全雄单元负责。

所谓全雄单元是一群雄性组成的“光棍群体”，这个群体是由被赶出家庭的少年雄猴、失去家长位置的老年雄猴，还没有当上家长的成年雄猴组成。当然，生存经验丰富的老年雄猴有培养下一代家长的责任。

川金丝猴社会中遵循着严格的等级制度，而这种等级制度是靠力量维持的，没有哪只雄猴可以一直当家长，它不断受到年轻猴子的挑战，而这种遵循大自然优胜劣汰规则的生存之道，保证了猴群的健康繁衍。

当然，对于那些曾经是家长，为族群曾做出贡献的老年雄猴，并不会得到周全照顾，一旦失去力量，只能沦为猴群的地位低下者，等待它的只有孤独死去的命运。说到这一点，金丝猴的社会未免有些残酷，而面对更为残酷的生存环境，它们可以做的选择不多，而自然界也一直以这种方式，延续至今。

2005年5月9～13日　晴

5月9日，我们按照昨天的路线再次爬到矮山池豁口的山顶，这里的风很大，远处扇子坝上的草甸与落叶松林看得很清楚，山脊上树龄超过200多年的巴山冷杉发出“咯吱咯吱”的摩擦声，森林静得听不见鸟叫。

通过望远镜，姚辉在矮山池豁口下方靠近螺圈套的一边，发现了猴群。早上，我们推断猴群昨天的迁移速度可能并不是很快，估计只是顺山梁而下，然后重新返回。不过，现在看来，猴群正在向扇子坝方向迁徙，黑色的幼猴一晃而过，看得不太清楚，可能是山谷里的光线太暗，望远镜也派不上用途。不过，以前从未观察到这么黑的小猴，大家都想一探究竟，于是悄悄尾随。虽然走走停停，但猴群一直在迁移当中，直到下午四点多，才慢慢停下来。此时，浓雾又开始慢慢地由谷底升了起来，猴群变得隐隐约约、若有若无，最后完全消失了，只能听到声音。

等我们再次跟上它们时，已经是9日的午后，猴子已经距离扇子坝更近了。从我们落脚的地方观望，扇子坝的高山草甸已经变绿，只是不是那么彻底，看样子，猴子距离扇子坝最多还有一天就可以到达。

它们是要翻过扇子坝进入背部更远的大草坪么？现在下结论还为时过早，最好是要更接近它们，搞清楚这群猴子的真正意图。

我们继续朝猴群贴近，但似乎那群猴子没有继续移动的意思。直到下午5点多，猴群沿着山脊翻入远处的山谷，停下来，似乎要休息了，而通过望远镜，可以清晰地看到太阳的余晖洒在大公猴的背上，金光闪闪的，远望，像只狮子。

事情超过我们的预料，在接下来的几天，猴子一直在矮山池豁口一带缓慢移动。这里平均海拔超过2300米，为紧接螺圈套大峡谷边缘的山脉。这里地势较为平坦，鹿子沟就横躺在矮山池和扇子坝之间，沟里清甜的甘露是金丝猴生活必需的水源。

周围山坡上的灯台树、花楸、山楂都开始发芽，而枯树上的地衣也是它们的主要食物。相比较一年中其他月份，5 月初可以吃的并不是太多，不过这群猴子在矮山池豁口周围过得还不错，除了嫩芽与地衣，它们还会啃食树皮，或者翻苔藓或者枯树中的虫卵吃。

我们相继看到，猴群在经过麂子沟时，一列纵队，小心地钻过谷底，全雄单元打头阵，然后是家庭组的猴群。想要喝水的猴子，可以跑到河边，探着脑袋喝个够，然后跳上树，向胜利桥方向接着走。

在过胜利桥的废弃公路时，它们也是这种队形。磨蹭的小猴在后面忙着打闹，大公猴就跳过去，“咿咿呀呀”教训一顿。2 米宽的路，猴群耽误了 2 个多小时。

其实，猴群选择这条路线迁徙的原因很简单，这里食物与水源都很充沛。山谷、河流纵横，其他的小动物也特别多，抛开途中遇到的野猪、麂子蹄印不说，单在穿越麂子沟、鱼儿沟、桥洞沟的过程中，就碰到很多生活在灌木层中的松鼠、橙翅噪鹛、眼纹噪鹛，它们都集群地生活在这些河谷之间的开阔地上。开阔地上长着山楂、悬钩子、花楸或者槭树，底层的草本包括凤仙花、酸模等为它们提供了充足的食物。

按照目前猴群移动的方向，下一步，它们应该就会遇到横在前面的鱼儿沟，接着是桥洞沟，而翻过桥洞沟，就进入了林业管理局接管的板仓地界。

出乎意料的是，猴群进入板仓地界的时间太过突然。5 月 13 日，猴群突然加快了行动速度，下午两点就越过了鱼儿沟，向前方的桥洞沟奔去，而疲于赶路的我们，被甩掉很远，考虑到桥洞沟距离大龙潭宿营地太远，为了继续跟上猴群，我们准备明天到桥洞沟扎营。

猴子喝水

第一次野外生活

2005 年 5 月 14 ～ 18 日

在野外跟猴的近 2 个月，我们经历过几次野外扎营，尤其是在金丝猴进入板仓地界后，我们曾经在桥洞沟住了 1 个月的简易帐篷，本来缺衣少食的生存环境变得更恶劣了。

最初决定背上帐篷扎营，是在 2005 年 5 月 14 日。在尝试接近金丝猴的一个月后，我们选择长期观察的那群猴子翻过桥洞沟，开始向大草坪迁徙。因为距离大龙潭固定监测点较远，我们只能每人背着近 50 斤[①]的装备，徒步到桥洞沟，选择在一段废弃的公路上扎营，以便观察猴子。

桥洞沟是一条从扇子坝延伸下来的河谷的名字，分上下两部分，被一条去板仓的公路切断，我们扎营的这段称为上桥洞沟，被桥隔断的是下桥洞沟。

上桥洞沟的长度很长，源头在扇子坝山脉顶端的一个高山草甸，海拔超过 2600 米，源头区域是很多条窄沟，从禾本科植物的根茎中延伸出来。

山脚的河床明显宽敞很多，两边是开阔地，这里生存着很多丛林鸟，沿河谷而上可以清晰地听到它们的吵闹声，却很难见到身影。

开阔地上长满了山杨与栎，海拔再高点就被红桦取代，山脊上是冷杉与落叶松，神农架高海拔地区的丛林结构大都如此。

---

① 1斤=500克。以下同。

我们扎营的地段，选择在一段瀑布的底下，一来方便取水，二来公路在此绕了个弯，留下了一大片空地可以扎营，但令我们没有想到的是，我们大费周折准备在野外度过数日以便跟上猴子时，它们却莫名其妙地折返了。

2005年5月14日　阴

在整平了宿营地之后，大家铺了一些树叶作为柔软的"巢"，上面支上帐篷。黄天鹏负责到林子里扯些红桦的树皮，作为助燃的材料。我们分散开来，开始为今后的扎营生活准备干树枝、水。

杨敬龙从河床里搬来一些石头，作为灶台。刘强卸下绑在行李中的铁锅、菜籽油、辣椒、盐与调味品，虽然不知道要在野外生活几天，但基本的生活用品还得准备齐全。

我们背着近50斤的装备，走了一天。收拾好营地，黄天鹏开始做饭了，袅袅炊烟从桥洞沟的河床上升起，帐篷的背后是落差5米的一段瀑布，水声很大，吵得有点让人睡不着觉。

其他人都钻进帐篷，等待吃饭。很快，米饭的香味就飘进了帐篷。饥肠辘辘的几个人，你一碗，我一盒，加上从山下带来的辣子、豆瓣酱，不一会儿，菜饭被瓜分殆尽。

睡觉之前，队员们商量明天的路程，打算先到扇子坝上面俯瞰周围环境，看看猴子究竟到了哪了。

2005年5月15日　晴转暴雨

早晨，阳光还没有照进这片山谷，黄天鹏老早就起来做饭了。一夜干柴受了潮，他鼓着腮帮子，对着灶台使劲吹，好不容易升起了一堆火。杨敬龙蹲在河边刷了牙后，跑过来烤鞋子，他点上一支烟，一个人坐在火堆旁烤火。河流下游的开阔地上，传来此起彼伏的鸟叫声。

看样子，除了我们在此扎营，很早之前，这些丛林鸟就选定了这片开阔地了。

从随身携带的望远镜内，可以观察到这群丛林鸟应该属于画眉科，体形大的应该是眼纹噪鹛，可以在望远镜中清楚地看到它身上白色的点斑，这个特征非常明显，而体形稍小的是橙翅噪鹛，橙色的翅膀很好分辨。

它们警惕性不是很高，即使你靠近到50米，它们还会好奇地伸出脑袋打量我们这些长着两条腿、穿着五颜六色的动物。对于它们，在这里看到人，确实少见。

很明显，它们属于群居鸟类，不少于20只的成年鸟在灌木林中觅食。这两种鸟的巢距离地面都很近，一般喜欢以山楂、海棠、花楸、卫矛或者其他蔷薇科的种子为食。

吃过饭，留下黄天鹏一个人驻守营地，我们沿着桥洞沟的河床，一直爬到源头区域的高山草甸。前几天从矮山池方向看，这里的草已经露头，不过亲临其境之后发现，绿的还是少数，有的地方甚至存在积雪。

我们掏出望远镜，站在一颗落叶松下观望，没有发现猴群，当走到2400米高处时，杨敬龙听到了猴子活动时折断树枝的声音，终于在跟丢2天后，我们再次找到自己要跟的那群猴子。

为了不打扰到它们，在一个有水的山坳，我们找到一处隐蔽的地方，稍作休整，然后先向下移动，再进一步接近它们。此时，猴群开始越过小沟，一部分金丝猴直接趟水过河，也有部分从树上跃过。过河的金丝猴基本都会驻留喝水，特别是一些小猴，用手在水中摸索，而在沟边的一棵枯树上，几只金丝猴翻开苔藓，将里面的昆虫小心翼翼地送到嘴里，还有一些小猴时不时在大猴嘴边亲吻，大猴摇头避开。猴群在沟边一边喝水一边吃树叶，活动了两三个小时，吃饱喝足后，方才离开，又向桥洞沟方向迁徙。

猴子过河

我们在驻足的涵洞里，喝饱吃足之后，打算接着跟上猴子的脚步，却不料，天上落起了大雨。大家毫无防备，出门时还晴空万里，很快就被浇成落汤鸡，无奈，只能返回。

而营地似乎更惨，雨下了一下午，河水顿涨，开始倒灌，流入我们的帐篷，底层的树叶又吸水，很快我们像是住在漂浮的木筏上，防潮垫也无济于事。

看到暴涨的河水，我们得到了教训：以后再不能把帐篷扎在河床上。想到在野外无房无衣的猴子，面对大雨，只有挨淋的份，这么一比较，大家又乐呵呵地抱着睡袋睡觉，睡前只吃了一些干粮，身体的忍耐程度真的超过队员们的想象。

2005年5月16～18日　阴

疲倦尚未褪去，手脚冰凉，这是大部分队员昨天夜里醒来时的感受。幸好，一早雨就停了。黄天鹏好不容易升起一堆柴火，大家围而坐之，烤鞋子、烤袜子，火光映在每个人的脸上，暖融融的。

黄天鹏在铁锅里炒热油，撒了点蒜末，煮了一锅面条。大家吃过，让刘强留守营地，其他人收拾行李，轻装出发，去昨天最后发现猴群的地方接着查看。

上午九点，来到昨天取水的涵洞时，猴子已经转移了。我们又向前行进了将近2千米，在一处宽阔的树林里，看见猴子正在觅食，心里一阵狂喜。

这么多天的跟猴经历，让每一个人对这群猴子已经有所了解。它们的迁徙速度、路线、食物与家庭成员的数量，大概的数据已经被队员记在脑子里。也就是说，即使跟丢2天，只要判断出它们具体的方向，我们还会在密林中把它们找到。

再次发现它们的地点，周围树种比较多，有红桦、落叶松、灯台树、花楸，树叶则刚刚发芽。附近灌木的嫩叶、嫩芽，基本上都被它们啃食一光，除了常见的槭树、海棠、山楂、蔷薇外，我们发现猴子还吃白马桑的嫩叶。一些金丝猴正在一片死掉的杨树桩上，翻开树皮，寻找里面的虫子。

金丝猴吃虫子，这是在以前关于它们的习性中没有被记录的。像我们这样背着帐篷跟着猴子迁徙，一步一个脚印地跟在猴子屁股后，观察它们的习性，可谓前无古人。所以，一些第一手资料的获得，对今后的金丝猴行为研究都是无比珍贵的。

大公猴作威

就这样，我们把自己隐藏起来一直观察。猴群吃饱喝足后就在原地休息。下午四点，一只大公猴在树上“作威”，其他猴子跟着开始活动，似乎晚餐前的运动要开始了。

根据这两天的判断，猴子很快就要翻过扇子坝，进入板仓地界了。果不其然，在矮山池到桥洞沟一带磨蹭了半个月之后，猴群于5月17日翻过公路，进入了板仓境内的天赐垭。

因为猴子已经翻出了保护区的范围，队里没有一人熟悉这块地方。正在大家为此事一筹莫展之时，事情却突然发生了变化。5月18日，当我们在此跟上这群猴子时，发现它们并没有要翻过天赐垭，向更远处的大草坪迁徙，在后来的跟猴岁月中，大草坪被队员们认为是这群猴子迁徙的最北界，那里地缘广阔，还尚有人户居住。以前，队员们对那片丛林的认识为零，而只要猴子翻进去了，我们也得跟进去。

不过这次，它们没有再选择前进。一路的断枝树叶，都可以清晰地表明，它们折返了，又从天赐垭向桥洞沟迁徙。

猴群的捉摸不定，让我们大为苦恼。不过，后来的证据证明了猴子已经到了扇子坝，并打算晚上在那里休息。看样子，5天的野外生活就要结束了，我们要重新回到大龙潭监测点，继续在观音洞到扇子坝之间跟这群猴子玩捉迷藏的游戏。

闯入它们的领地

2005 年 5 月 19 日～6 月 8 日

对于猴群为什么折返，大家莫衷一是。刘强认为是猴群在翻越公路时，受到车辆的干扰，不敢再过，便折回，虽说这条连接板仓的山路很少有车，但运送货物的解放车也会时而出现，大老远，就可以听见它们转角时聒噪的汽鸣。猴群过马路，一般会选择在傍晚，前后需要 1 个多小时，谁也不敢保证这段时间会不会突然出来一辆卡车。

尽管第一次野外扎营就这样草草结束，我们不得不回到一个多月来一直追踪金丝猴的区域——扇子坝至观音洞之间，不过，要想放松警惕，轻松跟上它们还是一件困难的事情。而且观音洞至扇子坝区域，左侧是深不见底的螺圈套大峡谷，右侧地势稍显缓和，猴子一旦进入峡谷，我们只能围绕山脊，在上面远远看着。

这一带是猴子迁徙过程中的核心区域，而螺圈套大峡谷又是这块区域的核心。猴群在这一带进入螺圈套，一般会选择矮山池豁口这条必经之路，然后沿着峡谷南迁至观音洞，再翻出来，这两个点是金丝猴往来迁徙、进出峡谷的必经之地。

从海拔高程考虑，这两点地势稍低，为了节省体力，猴子也不希望去翻越 2700 多米的其他山脊，而且这两处都有从山顶发育的几条河流，为它们前进的方向提供水源。

面对突然闯进的人类，猴群的反应可谓一石激起千层浪

5月25日，猴子进入大峡谷后，与我们判断的迁徙方向差不多，但在观音洞待了整整10天却完全出乎我们的意料。

6月7日，在判断猴群没有离开观音洞时，我们做了一次大胆的实验，第一次闯入猴群领地，看看它们的反应，并用随身相机拍照。

面对突然闯进的人类，猴群的反应可谓一石激起千层浪。首先发现我们的哨猴迅速报警，前面还慢吞吞的猴子一跃而起，迅速弹到对面的树林中，抱着婴猴的母亲则被甩在最后，负责警卫的公猴见状，坐在树上大叫，似乎要跟我们拼死一搏了。

2005年5月19～21日　雨转晴

天又开始下雨了，为摸清猴群今天的活动方向，我们冒雨再次前往扇子坝，在鱼儿沟和六里半坡之间的山坳处发现猴群活动。它们正在吃东西，远远看来，寒冷的天气并没有给它们带来多少不便，除了不像晴天一样金光闪闪的毛发，精神头还是很足的。

按理说，它们的行动路线是全雄单元集体决定的，除非我们能够搞清楚，这些“光棍”群体究竟在打什么主意，好端端的，又折回来。人这么来回折腾肯定体力不支了，不过，它们是猴子，是生活在神农架高海拔地区的丛林精灵。

或许，它们不知道什么是疲倦。

猴群所在的鱼儿沟与桥洞沟一样，也是一条河谷，同样发源于扇子坝，但长度更长，走完它，甚至需要半天的时间。

为了不惊扰到猴子，我们钻进一片还没发芽的卫矛丛中躲起来，不一会雨越下越大，看来今天的行程是要泡汤了。

第二天一早，廖明尧局长又专程来到宿营地，了解考察队最新活动动向。姚辉说我们跟踪的猴群今天应该到达鱼儿沟一带，矮山池附近的山脊上长满了冷杉林，山谷间也不缺乏水源与食物，正是金丝猴喜欢活动的地带。

早上吃了碗面条后，廖明尧局长回木鱼镇，临走时再三交代，让大家注意安全，我们继续前往鱼儿沟。山路并不好走，昨天一夜下的雨水，还挂在树枝上，晶莹剔透。这么一来，那些山杨紫色的嫩芽更好看了，前几天还没有注意到这些小东西，如今，真是要集体喷发了。

猴群今天的迁移速度不是很快，慢悠悠的，边吃边走。我们也没有松懈，拿起望远镜，爬到树上，把自己隐蔽起来，然后仔细地观察猴子的动静。

我们从背包中取出望远镜观察猴群动向，虽然看得不是十分清楚，但几只大公猴的身影异常清晰，它们端坐在几颗灯台树上，正在进食。时间大概过去了半个小时，猴群出现一阵骚动，林子下面传出来梅花鹿的叫声，猴子们大呼小叫地在树顶作威，几只母猴抱着孩子，很快消失在对面的山脊线上。看样子，我们又得跟上。

中午时分，猴群开始向沟底走，准备午睡了。这些家伙的消化功能不行，尤其对付含纤维最多的树皮与树叶，所以，从猴群刚离开的树林经过时，经常可以闻到它们打嗝或者粪便中溢出来的臭味。

趁着猴群开始打瞌睡，我们悄悄走近，近得可以用肉眼直接看到它们。

山势高处的几只大公猴，坐在树端上，晒着太阳，很少吃东西，偶尔抓一把身边

晒太阳

听到警报后迅速上树，狂奔而去

的树叶塞进嘴里，而其他的猴，则忙着四处寻找最可口的美味。此时婴猴和一些未成年的幼猴，趁着大部分猴还没有休息，在一起打闹嬉戏，被欺负了的婴猴“喔、喔”地往公猴方向蹦去。公猴一把把它揽入怀里，冲着欺负婴猴的幼猴张了张嘴，大有一副为自家小朋友出头之势。幼猴见状，吓得赶紧逃跑。一棵大约二十几米高的华山松树上，几只公猴在悠然地晒太阳，它们有的端坐，有的四处张望，有的低头沉思。

快到下午三点时，猴群才开始活动，速度也比较慢。几只公猴在群里跳来跳去，力度惊人，所到之处，树都摇个不停，直到所有猴开始迁移，它们才停下来。

5月21日，我们还是沿着胜利桥的废弃公路顺路而上，大概爬到了海拔2433米处，后由山顶横向前进，在海拔2524米处，发现了昨天的那群猴，它们正在沿着山脚往上走。

每天与它们朝夕相处，让我们逐渐生出了试图进入它们生活领地的渴望，我们形容自己叫单相思，因为猴子可不这么想，它们很怕人类，几十年前的猎杀、森林遭到砍伐的经历似乎被那些年长的老猴一代一代往下告诫，人一靠近，它们就落荒而逃。

事实上，金丝猴不仅对人如此，放哨的猴子看到任何动静都会发出“唔噶、唔噶”的警报声，而这种警报声，会迅速在猴群中引起爆炸性的响应，吃东西的、打闹中的猴子，迅速上树，狂奔而去，或者群体遁地，在灌木丛中狂奔。

按理说，树上是比较安全的，地上反而危险，毕竟在神农架树上可以给它们带来威胁的捕食者不多，而地上的豺、狼、虎、豹，哪一个都是狠角色。

据说，金丝猴遁地逃跑的原因是为了躲避来自天空中的金雕。这种翼展超过 1.5 米的大型猛禽，可以用尖爪，毫不费力地穿透任何一只金丝猴的皮毛，把它们抛向空中，再分而食之。相比较不会上树的老虎、豺、狼，金雕的危险性可能要大得多。

2005 年 5 月 22 ～ 25 日　晴

连续 3 天，金丝猴都在缓慢地向矮山池豁口迁徙，这样下去，猴群肯定是要经矮山池豁口进入螺圈套大峡谷内了。猴群一旦进入峡谷，我们就被高耸的峭壁、悬崖阻隔在外，无法再近距离跟上，也无法随时掌握猴群的动向。

为了搞清楚猴群是否真的进入了螺圈套。5 月 25 日一大早，我们就沿着胜利桥废弃公路向矮山池进发，半路就听见了一阵猴叫，此时的猴子，正在胜利桥与鱼儿沟交界的山梁上取食。我们不敢贸然接近，只能小心翼翼地追随猴群的声音向上移动。

而猴群并没有如我们所料，继续向矮山池豁口移动，而是顺势走下了山坡，让我们一时抓不着头脑，只能在后面紧紧地跟着。

不知道走在前面的猴子是不是已经发现了我们的身影，开始和我们玩起了捉迷藏的游戏，爬上爬下，翻山脊再翻回来，跟在后面的我们苦不堪言，被搞得手忙脚乱。为了弄清楚这群猴子在要什么把戏，不堪折磨的我们，爬到一个高地，俯瞰这群猴子。很快，猴子就到了我们正下方，我们迅速下到山谷，结果扑个空，猴子早到对面山脊上去了。

半天过去了，我们就这样被猴子牵着鼻子在矮山池豁口附近、山下来回地戏弄着。下午五点多，体力不支的我们开始败下阵来，一个个躺在地上，说什么也不愿意走了，而猴子似乎还没玩够，又跑回来，继续勾引我们。

队员们体表的汗水早已被烘干了，结在衣服上，就像一幅奇怪的地图。太阳逐渐下山，天色变暗，我们决定返回大龙潭。快到鸭子口时，大家的肚子开始“大合唱”，打算买点饼干或者快餐面垫垫，但店铺大门紧闭，饥困交迫的我们，不得不继续前进。

走到红石沟的时候，黄天鹏突然倒在地上，嘴里念叨：“今天不走了，要不你们抬着我回去”。看着这样的情况，其余三人慌了神，只好拿过水给他喝了几口，扶着他慢慢站立起来，一瘸一瘸地继续行进。到大龙潭已是晚上十点多，大家早已没有力气烧水做饭，重新将昨晚的剩菜一热，就着冷馒头，简单吃完后就躺下了。

2005 年 5 月 26 ~ 29 日 晴转阴

猴群一头扎进了螺圈套，再出来真不知道是什么时候。此时猴子在哪？往哪个方向走？站在矮山池豁口的队员们心乱如麻。

自从 26 日，姚辉在矮山池豁口靠近螺圈套大峡谷的边缘听到猴群的叫声以后，我们已经连续 2 天没有再看到它们。猴子是在向观音洞迁徙，还是选择的北上，没有人猜得透。

27 日，我们一行 4 人冒着粉身碎骨的危险从鸭子口对面的山坡上下到螺圈套大峡谷内看个究竟，而笔直陡峭的悬崖，像悬在头上的利剑，稍不注意就死无葬身之地。

那天，我们几乎是前人踩着后人的头，在峭壁上爬行，平时讨人厌的箭竹丛，成为了我们的救命稻草。尽管我们一度下降到 2400 米的位置，但还是距离谷底太远，什么都看不清楚，更别说猴子。

陡峭的悬崖

根据往常的经验，这群猴子极有可能向南迁徙了，然后翻到观音洞一带，从那里翻出螺圈套。

经过 27 日的一番尝试，队员们都对猴子的攀越本领肃然起敬，虽说人与猴子有共同的始祖，但自然的进化使两者之间的差异巨大。我们可以在平地上奔跑，而在四下林野、处处悬崖的螺圈套大峡谷内，即使是牙买加的百米飞人，也只能望洋兴叹了。

不过，地势非常复杂的螺圈套大峡谷，对猴子来说，也是危机四伏。

首先是峭壁，年轻力壮的公猴没有问题，而带着幼猴的母亲就相形见绌了。她们往往会逗留在一段悬崖上，张望很久，判断无误后，抓着树枝晃悠很久，才一跃而下。

因为螺圈套是一个锅形的沉降的大峡谷，地势呈阶梯状下降，每一个阶梯都是一种森林形态，据说，它的最底层，还是冰河世纪之前的样子。没有影像，也没有科学家曾到过那里。

虽然有些困难，但因为有周围峭壁的屏障，阻碍了外界对峡谷内生存环境的干扰，金丝猴进入峡谷后，就像走进了伊甸园，可以无忧无虑地在里面生活一周甚至是一个月都不会出来。

正因为如此，我们更难以判断猴群的下一步动态，不过，按照这一段时间的了解，猴子只要向南迁徙，就只能从观音洞一带的山脊上翻出，就像是常年迁徙的候鸟一样，有些岛屿或者湖泊，是它们往返迁徙的必经之地。

考虑到这一点，大家抱着试试看的态度，在 5 月 29 日的早晨，就直接向观音洞出发。此处有个瞭望哨，是一块凸出山体很远的岩石，它的底部是峡谷的河床，向大龙潭一侧延伸的山体就是观音洞。此处，一侧平如操场，一侧陡若天悬。不能不说，山脊一旦靠近螺圈套就像着了魔一样，迅速沉降，形成绵延几十千米的大峭壁。

瞭望哨的底部有向峡谷内部延伸的山脊，本地人叫它“鸡爪岭”。从瞭望哨向北看，

瞭望哨

可以看到矮山池与扇子坝光秃秃的山顶，两者之间，是一个接着一个的“鸡爪岭”。

不出所料，没费多少工夫，我们就在观音洞一块海拔2331米的杜鹃林里，发现了猴子活动的痕迹，因此。大家对这群猴子的活动意图更加了如指掌。看样子，猴子是要翻过观音洞，进入大龙潭了。这样一来，岂不是每天在监测点就可以看到猴子，而我们进一步的计划——接近猴群，也指日可待？

想到这里，大家都笑容满面，掩饰不了心中的狂喜，直奔金丝猴移动方向而去。

2005年5月30日　晴

早上，廖明尧局长又专程来到金丝猴考察基地，与考察队员们聊天，听取考察队员们汇报前阶段的工作进展情况。

廖明尧局长听了考察队员们的工作汇报后，很是感动，鼓励考察队持之以恒，继续进行跟踪考察，力争在尽可能短的时间内取得金丝猴的信任，同时对考察队提出的困难和问题，给予了解决。

中午时分，送走了廖明尧局长一行后，我们直接来到观音洞，沿观音洞右边山梁向上攀登，至一处绝壁稍作休息之后，再继续向老道洞方向前进。十一点钟，发现猴群正在沿着一处悬崖向上移动，部分已经到达崖顶，等待下面的大部队。一些小猴和带着幼猴的母猴移动得非常慢，走一段休息一会，四处寻找合适的线路。

直到下午两点钟，猴群才全部到达山顶。先前到达山顶的猴群，一直没有动，也没有采食，只是坐在树上休息，偶尔能够听见一阵叫声。当猴群聚齐以后，已是下午五点钟，我们返回大龙潭。

2005年5月31日　晴

早上，我们直接沿公路到达观音洞，在观音洞瞭望哨发现猴群。不知道它们什么时候移到了沟底，正在马不停蹄地慢慢向上移动，也不像平时那样叫声稀疏，听起来十分喧闹。看着距离我们越来越近的猴群，我们很兴奋，但又怕猴群受到惊扰，所以只好让步，退回到草坪，不敢继续观察。

中午猴群休息时，杨敬龙和刘强试图进入猴群拍照。但刚刚进入猴群，便听见猴群叫声不断，一阵接着一阵。为防止意外，姚辉叫两人返回，大家再也不敢靠近猴群，隐蔽到一块大石头后面，静观其变。好在刚才的惊扰动作不大，猴群并没有迅速逃离，只是向黄包耙方向移动了几百米，之后便开始休息了。为了保险起见，我们提前返回大龙潭。

2005 年 6 月 1 日　晴

今天是难得一见的晴空万里，没有一丝云彩。我们沿公路抵达观音洞，在昨天猴群活动的地方仔细查看它们留下的痕迹，了解一天之内猴群活动的情况，便于以后跟踪。我们在记录了一些必备的数据后，开始寻找猴群，但是在黄包耙周围仔细查找，也没有发现任何踪迹。过了一会，听见下方有声音传来，再仔细一听，声音很小，但确定无误就是金丝猴，紧接着还有折断树枝的声音，猴群打闹的声音。由于猴群在下面，树林很密，无法用望远镜观测，我们只能安静等待。下午三点多，猴群开始往另外一个山坳移动，声音很大，阵势惊人，折枝声、打闹声，在山坳回荡，非常壮观。我们害怕惊动猴群，仍然没有近距离观察，而是待在山顶用望远镜远眺。六点，我们返回大龙潭。

2005 年 6 月 2 日　晴

根据昨天观察到的情形，我们估计猴群已经安定下来，原以为今天很快就会找到猴群，但在观音洞四周山梁搜寻了半天，也没有发现它们的踪迹。大家变得急躁起来，焦虑地望着空旷的山梁，推测猴群的去向，期待着猴群踪影的出现……

稍作休整，我们开始顺沟而下。由于此处坡度较大，四人不敢成一条线向下，只能并排前行，松动的石块伴随着我们的脚步，轰轰隆隆地滚向谷底。就这样我们行进了将近 2 个小时，终于发现了猴群活动的痕迹。

下午三点钟，正在行进中的我们，突然听到猴群的叫声，于是停下来。可是，叫声就此中断了，再也听不到丝毫的动静。无奈之下，我们又继续前行，发现了猴群半个小时以前的活动痕迹：新鲜的粪便尚有温度，松树的断枝仍然冒出松油来。正在仔细观察的时候，不远处传来了猴群的叫声，我们迅速转移到高处，终于在前方发现了猴群，它们慢慢地前行，渐渐地远去。

下午五点多，猴群却突然折返，往观音洞方向移动，我们在弄清猴群休息地点后返回。

2005 年 6 月 3 日　多云转雨

早上，我们行至观音洞瞭望台，云雾从谷底慢慢升起，能见度逐渐降低。在此观察一段时间后，没有发现任何动静，我们便由此向右边山梁行进。快到悬崖处时，听见猴群叫声，此时猴群正由我们上方向悬崖处移动，距离我们只有一百米。由于我们正好位于崖边，无法快速隐蔽，而猴群逐渐逼近，我们只好在箭竹林里艰难行进。走在前面的刘强最为辛苦，不光要带路，还得迅速扒开身边的箭竹，而且必须小心翼翼，动作轻微，不能弄出过大的动静。不一会儿，他实在是有点体力不支了，大家只好轮流顶替他的位置，充当“开路先锋”。

猴群离我们越来越远。最后，我们终于可以在一片冷杉林停下来，找到几棵高树，爬到树顶观察猴群活动。这时天空下起了雨，猴群和我们都被雨水浇了透湿。虽然已是六月的天气，但是下起雨来仍然寒冷，几个人冻得直打哆嗦。猴群也是一样，相互挤抱着取暖，并以对方为支点寻找平衡。尽管坐在树上，抱团的猴子仍然显得四平八稳。被淋湿的金丝猴，没有了往日的神采，每隔一段时间，还需要甩掉身上的雨水，显得狼狈不堪。小猴则比较幸福，始终有大猴为它们遮风挡雨，挤在几只大猴中间，还时不时地露出头来。

雨越下越大，我们不得已只好返回大龙潭。

2005 年 6 月 4 日　雨

早上起来后，雨依然下得很大，我们穿上雨衣，冒雨行至观音洞，观察猴群的活动情况。在雨中前行，眼睛被雨水遮挡，看不清前面的路，好在猴群迁移的速度不是很快。

我们发现猴群的时候，它们正在雨中采食树叶，依然慢慢吞吞地将树叶放进嘴里。也许它们也不太喜欢这样的下雨天，金色的毛发失去了往日的光芒。它们用叫声来表达对天气的不满，叫声也比平时大了许多，一浪接着一浪。

我们在雨中行进将近两个小时，身上全部湿透，冻得瑟瑟发抖，而猴群也逐渐离我们远去，我们只好提前返回。

2005 年 6 月 5 日　雨

天没有晴开的意思，雨一直下着，四周被雾笼罩，能见度只有几十米。按照昨天的情况推断，猴群下一步行进路线可能会由观音洞向矮山池移动，或者是穿越公路迁移至小龙潭附近。经过一阵讨论和推断，大家统一了认识。但因为雨下得很大，我们只能在大龙潭休息。

2005 年 6 月 6 日　小雨

雨下个没完没了，但变小了，不影响我们的出行。九点，我们从大龙潭出发，到观音洞瞭望哨观察猴群的活动情况。猴群在山坳里，没有移动多远，有些在吃树叶，一些小猴不停地从一棵树跳向另一棵树。一棵红桦树上，几只猴围坐在一起，低着头，好像在休息。躺在母猴怀中的小猴，时不时地伸出小手，采摘身边的树叶在手里把玩。一只公猴独自坐在一边，也低着头瞌睡，但会时不时地抬起头来看看不远处的母猴，冲着它们张张嘴，看上去仿佛在向爱人“眉目”传情。

虽然下着小雨，猴群却似乎并没有受到雨的影响，依然端坐树梢。观察了一段时间，山坳里浓雾升起，猴群逐渐消失在雾气当中。等了一段时间后，浓雾不见散去，能见度只剩下几米，我们只好返回大龙潭。

2005 年 6 月 7 日　晴

截至今天，猴群已经在在观音洞呆了 10 天。这 10 天内，我们每天早上八点出发，沿着一条废弃公路走到观音洞，就可以看到猴群，或者在山脊，或者在谷底。

依然不能肯定它们会进入大龙潭，虽然此地距离监测点不到 5 千米，猴子的行踪还是难以捉摸。

上午九点，我们来到观音洞一片开阔地上静听了一段时间，没有发现猴群，却在右边山梁上发现了猴群活动的痕迹。沿着痕迹向前寻找，在一处山脊上发现猴群向螺圈套移动的迹象。再前行一截，螺圈套已经被浓雾笼罩，我们无法继续查看痕迹，也不敢继续向螺圈套前行，只得提前返回。

2005 年 6 月 8 日　晴

吃过早饭后，我们从大龙潭往观音洞方向 1 千米处沿沟而上，经过一个多小时的行程，到达海拔 2400 米处，发现了新的猴群活动过的痕迹。我们顺着痕迹向前查找，并判断出猴群向鱼儿沟方向移动。我们继续向上爬，到达海拔 2600 米山顶，仔细观察四周情况，细听周围发出的声音。几分钟后，隐约听见前方有一阵响动，很像是金丝猴发出的。于是，我们悄悄地向发出声音的方向走去。大概移动了 600 米，在一个便于观察的位置，我们停下来，并在对面山上发现猴群。大概有 25 只猴子，大部分在休息，只有几只在活动。我们商量以后，决定分组工作：刘强和杨敬龙进入猴群拍照，姚辉和黄天鹏留在原地观察。

起初，望远镜中的猴群还很安静。刘强与杨敬龙的身影不时被低矮的灌木丛林遮挡，刘强穿着一件军绿色的外套，隐藏得很好，他走在前面，小心地拨开身前的箭竹丛。两人一前一后，为避免被猴子发现，以口哨为对应。

在距离猴子 50 米开外时，望远镜里出现了一阵骚动。首先是猴群外围负责放哨的猴子，迅速向猴群中间跳去，一边跑，一边发出“唔噶、唔噶”的警报声。其他猴子听到报警后，如惊弓之鸟，叫声此起彼伏。家长雄猴携老扶幼，迅速退到后面的山谷去了，末端是殿后的“光棍群体”，几只身经百战的大公猴，撅着屁股，耀武扬威，边咧嘴龇牙，边向后撤，似乎在警告我们，再靠近就不客气了。

受惊的猴群，撤离栖息地的速度超过我们想象，山谷之后是一片冷杉林，它们进入后，又向山脊顶部奔去。

猴群撤离后，刘强与杨敬龙狼狈地退了回来，拿着照相机的刘强勉强拍了几张照片，但看不清猴子的脸。这是我们在 2 个月的跟猴经历中第一次尝试进入猴群的领地，以失败而告终是意料之中的，看样子，想让它们放松对我们的警惕，还需要很长的过程。不过，这样的尝试，以后还要继续。

真不知道，这群猴子什么时候才能对我们放松警惕。

猴群撤离

第二群猴子

2005 年 6 月 9 ～ 24 日

6 月，神农架进入了一年中最难熬的梅雨季节，本来就难以揣测的地区小气候，开始变得更加阴晴不定。有时候三四天雨水不止，队员们只能坐在大龙潭破败的房子里干等，陪伴我们的是湿漉漉的棉被与糟糕透顶的心情。

猴群在观音洞一带停留 10 天后，并没有像我们期盼的那样，进入大龙潭观测点一带，而是又向矮山池豁口迁徙。

虽然，天气对我们不利，但对于生长期的森林来说，一年中生命迸发的季节已经开始了。不知不觉间，樱桃已经泛红，看样子，除了糟糕的天气，金丝猴在丛林间又多了一种可口的食物。

6 月 16 日，在大雨倾盆的模糊视野下，迁徙路线上的第二群金丝猴出现了，随之出现的是陪伴北京大学研究团队搞野外金丝猴研究的杨敬文。虽然他对这一带地形比我们熟悉得多，但对于两群混淆在一起的猴子，还是难以分辨清楚。

哪群才是我们应该继续跟踪的猴子？在连绵的梅雨季节，它们要向什么地方迁徙？

在四五天的争吵、相持不下之后，两群猴子分开了，而我们需要继续跟踪的那一群却突然消失在矮山池与扇子坝之间的峡谷入口。

2005年6月9日　大雨

今天驻守营地，在大龙潭休息。

2005年6月10日　雨

今天，我们依然在大龙潭休息。雨下得很大，没有进入丛林的机会。廖明尧局长冒雨前来探望队员，大家围着炉子谈谈自己跟猴的感受，认为猴群应该停留在鱼儿沟一带。刘强向廖局长保证猴子应该还没走远，一旦天气转晴，我们就会奔上山去，尽快摸清猴群动向。闲来没事，大家开始准备午餐，削了廖局长带来的土豆，炖了一锅腊排骨。队员们有段时间没有沾腥气了，一顿酒足饭饱之后，看着雨势没有停下的意思，就倒在地上呼呼睡去。

2005年6月11日　雨转阴

早上依然下着大雨，我们无法进行跟踪。估计可能要在野外走一阵子，中午，局里给我们送来帐篷、睡袋。下午，天气逐渐转好，我们来到老道洞一带查看，没有发现猴群活动的迹象，但能初步判断猴群可能沿着螺圈套向鱼儿沟方向迁移，我们决定明天一早直接去鱼儿沟寻找。

2005年6月12～16日　晴转雨

为了补偿前几天在行程上与金丝猴拉开的距离，6月12日，我们再次背上帐篷，准备在鱼儿沟扎营，以便迅速追上已经走远的金丝猴。根据昨天的判断，金丝猴已经从矮山池翻出螺圈套，进入鱼儿沟一带，如果判断无误，今天猴子已经走到我们扎营附近的山梁上休息了。

找到一块难得的平地之后，杨敬龙铺开防潮垫，队员们支起帐篷，并早早睡下。

6 月 13 日一早，黄天鹏留守营地，其他人上山找猴子。天气难得晴了一整天，我们在距离扇子坝不远的山脊上，发现了猴群经过的痕迹，难道猴子这么快就翻进了桥洞沟的山谷么？

接下来的几天猴子就在桥洞沟一带活动。

6 月 16 日，依然是昨天的路线，中午在河床上休息时，突然从背后山上传来猴子的叫声，大家顾不上手里的干粮，狼吞虎咽，喝了口河床里的溪水，就爬到山脊上，端着望远镜查看。

果然有 7 ~ 8 只猴子坐在树梢上吃东西，其他猴子已经开始午睡。难得的午后阳光暖洋洋地照射在红桦树皮上，远看像是一团火在燃烧。

下午三点多，猴群开始活动起来，先是一阵乱叫，其中有几只大公猴，在猴群里不停地跳来跳去，过了很长一段时间，整个猴群才开始动起来。

此时天色越来越黑，而且开始落起了雨点。因为我们都没带雨衣，大家只好急急忙忙地往营地赶，但最终还是被淋成了“落汤鸡”。

吃过晚饭后，四人将今天收集的数据整理了一下，大家的统一意见是猴子似乎在原地打转，有点像上次在观音洞时的迹象，在一个地方停留了好几天。

天黑得早，又下起下雨，队员们闷着无事，就点起蜡烛打牌。没玩多久，老杨（杨敬龙，大家习惯这么称呼他）的眼睛就开始迷糊起来，鬼的黄天鹏乘机塞牌，害得老杨输掉了好几包烟。对于野外作业而言，烟比饭还重要，可怜的老杨，该抽烟屁股了。

2005 年 6 月 17 ~ 24 日　晴间雨

6 月 17 日，刘强留守营地，其余三人沿着昨天的路线前行，还没有走完废弃公路，就发现了猴群穿越公路的痕迹。很明显，猴群是从地面越过公路，直下河底。我们沿着痕迹又继续往前走了一段，就听到了猴群的叫声，发现猴群基本上停留在昨天的那个地方，

我们跟踪的那群猴子

只是向前稍稍移动了 1 千米。

我们在一旁的树丛中隐蔽起来，通过望远镜牢牢地锁定它们进行观察。过了一会，大家决定悄悄地从侧面包抄，到前面拦住猴群去路，以便清楚掌握猴群的数目。于是，我们慢慢向猴群靠近了，大约过了 1 个小时，终于找到了一个比较好的位置，正准备清数金丝猴时，突然听到对面山上也有猴群在叫，而且从猴群的声势来看，远远超过了我们眼前的这个猴群。

“有可能碰到两群金丝猴了”，队里年纪最大的杨敬龙说。到底哪群猴子才是我们该跟的猴群，大家难以统一意见。

根据平时跟猴的经验，我们长期观察的这群猴子，个体数较小，而且活动时异常安静，群体中有几只年长的公猴，其背部的毛发已经接近黑色。而对面山腰上新出现的这群猴子，明显种群数量要大很多，而且异常聒噪，叫声此起彼伏。

在环境逼仄的野外，两群金丝猴各自还是按照自己迁徙的路线前进，距离很近。一群向矮山池山顶移动，一群下到了麂子沟的沟底。

正在大家争吵不休，难以确定跟上哪群猴子时，另一个跟猴子的人出现了，他就是杨敬龙的弟弟——杨敬文，正在帮助北京大学在野外跟踪猴子。

大家见面，心照不宣，一起讨论，哪群猴子才是各自该跟的对象，而对此地地理环境更加熟悉的杨敬文认为，他长期跟踪的这群猴子超过 290 只，途经的痕迹比较大，在来的路上，看到向沟底移动的那群经过的地方，地上的断枝树叶延伸了 2 千米，应该是那个大群的猴子。但两群猴子相隔这么近，也没发生冲突，着实让他感到不可思议。

大家似乎刚刚注意到这个问题。按常理来说，两个不同金丝猴种群遭遇时，时而会为了争夺更好的栖息地而发生互殴，而且，常年迁徙的金丝猴各部落间有个不成文的规矩，雄猴可以脱离各自的群体，加入其他的部落中。这种维持几百万年的种群交流，对于金丝猴这个物种的繁衍、发展，有着不可估量的作用，而这两群猴子，就这么和谐地擦肩而过，着实让人捏了把汗。真打起来，我们这群猴子肯定不是它们的对手。

接下来几天，两群猴子发生了戏剧性的一幕。截至 6 月 20 日，这两个一大一小的猴群，在矮山池豁口一带，平安共处了 4 天之久，而我们却被两群猴子留下的痕迹折腾得够惨，仅靠声音与痕迹，已经很难分辨出各自的猴群。这样对于判断我们要跟踪的那群猴子什么时候离开、迁往何处，带来了很大的困难。

6 月 21 日，两群猴子终于分开了，而我们要跟踪的那群猴子却莫名地失去了踪影。我们先后在鸭子口、矮山池发现了猴群活动的痕迹，又不能肯定是哪群留下来的。在矮山池一带搜寻 3 日之后，大家一致认为，猴子应该在此进入了螺圈套大峡谷，而这一次是北进还是南退，谁也不得而知，所以在统一了思想后，打算先回到观音洞一带看看，如果没有猴子的踪影，说明它们是要穿过阴坡，进入板仓境内。

陌生的旅程

2005年6月25日～8月9日

由于这几天盲目寻找，结果猴子跟丢了。我们不能确定两群猴子分开后，一直跟踪的那群是返回了观音洞，还是沿着峡谷北上，向阴坡迁徙。

刘强觉得猴子在下雨天不会移动得这么快，应该先到峡谷中部裸露在外的扇子坝上寻找踪迹，而经验更多的杨敬龙则认为，我们不必要在矮山池一带再浪费时间，可以直接进入板仓地界的阴坡查看，确认猴群是否已经从峡谷翻出来，进入板仓。

最后大家尊重老杨的决定，抛开观音洞，直接进入板仓，在阴坡一带查看。

进入板仓，也就意味着我们又得在野外扎营，风餐露宿，具体地点定在桥洞沟护林站，那里有一排林业管理局的房子，两位护林人和一条黑狗住在里面。

此地距离天赐垭很近，猴子如果沿着峡谷北上，最有可能的路线就是翻过天赐垭，穿过火石沟，向它们迁徙的北方边界——大草坪前去。

除了还在为北京大学跟猴的杨敬文，剩下的姚辉、刘强、黄天鹏、杨敬龙四人，没有一人对这片面积是大龙潭数倍的地域有所熟悉。

两个月来积攒的地理观念要重新洗牌，望着地图上一堆陌生的地名，我们知道，猴子进入了一个我们之前不曾踏入过的陌生之地。

如果以桥洞沟这条漫长的河谷为界，它的南方是我们两个月来经常踏访的矮山池、观音洞一带的山脉，而北方则是面积更大的开阔地、落叶林与高山草甸。

在这里，因为没有螺圈套大峡谷那样的天然屏障，猴子移动的路线可以有很多选择。它们的最终目的是抵达大草坪，或者再往前一点的将军寨，然后南返，可以直接由阴坡进入大峡谷回到观音洞，或者选择绕远路，经朱家湾，绕道九岭十八弯，经黄泥巴沟，进入桥洞沟河谷，翻过扇子坝，进入矮山池豁口。

不过无论怎么走，有个地方，却怎么也绕不过去，那就是天赐垭。

天赐垭是连接阴坡与大草坪之间的山脉地带，那里高低起伏的山谷很多，环境复杂，而翻过天赐垭，就必须穿过板仓公路，这对于长久生存在自然环境的猴子来说，是一个挑战。

所以，经过天赐垭的板仓公路就是我们蹲守猴群的前哨点。

整个7月，我们都与这群猴子在广阔的桥洞沟以北的山脉间斗智斗勇。为了牵制住它们不断往返、兜圈子，我们也试图闯入它们的领地，干扰猴群移动的方向。7月17日那天，我们无意间闯入它们的领地，它们就在头上，幼猴好奇地看着我们。

这也许是人类在野外与川金丝猴正面接触最近的一次记录，也正是因为我们与金丝猴部落之间长久的迁徙、相伴，一种信任感慢慢出现了。

当然对于刚踏足桥洞沟以北的我们，面对这片开阔的草甸、落叶林与山脉，陌生的旅程才刚刚开始。

板仓境内

2005 年 6 月 25 日　雨

天刚亮，雨水浸透了帐篷，水滴悬挂在帐篷顶上，时不时地掉下来，打湿了我们的被褥。黄天鹏一个人到桥洞沟以北的落叶林中寻找干柴，早起的山噪鹛已经开始捕食了。这漫长的雨季似乎没有停止的尽头。

时间接近 7 月，神农架的夏天就快开始了。半月来一直盯着猴子，没有注意到低海拔的斛栎树林已经长出披针形的叶子，这些山毛榉科的植物的果实是松鼠最习惯的越冬食物。

如果没有猜错，半山腰上的槭树已经长出生有狭长双果翅的种子了，虽然距离成熟的日子还有很远，但大自然已经开始在为夏季的到来做准备。树林下的蕨类植物也纷纷抽出嫩芽，它们是村民这个时节最喜欢的野味。

与植物一起骚动的还有刚从冬眠中苏醒的昆虫与两爬类动物，它们在忙着交配，以及寻找一个合适的角落筑巢、产卵、繁衍生命。

早上八点，煮好面条的杨敬龙叫大家起床。外面的雨还在下，而且越来越大，帐篷已经无法遮挡，大家只好找到一块塑料布，盖在帐篷上面。可是过了一会儿，帐篷周边的水沟也漫出水，将帐篷浸泡起来，下面也开始渗水，我们仿佛成了一支在水上漂流的牧民。这一天，我们的工作主要是冒着大雨，搭帐篷，掏水沟排水，比跟猴还难受。

2005 年 6 月 26 日　阴

早上起来，天气很阴，远处的天空上方黑压压的一片，看似又要下雨，但我们今天必须得出发。大家备好雨衣，穿上胶鞋，沿桥洞沟的废旧公路上行。一路上伴随我们的是遍地的蚂蟥，稍稍一碰，就全爬到腿上去了，好在我们穿了胶鞋，护住了脚，却苦了后面的人，因为前面的人一碰，蚂蟥正好爬在后面人的腿上。这样一路之下，咬得每个人腿上都在流血。

几个小时之后，我们终于走出了蚂蟥栖息之地，在一处水塘边准备往水壶里灌水时，发现猴群活动的痕迹。我们靠近仔细查看，发现树枝被压弯了，一些树叶被翻了过来，地上也是几条痕迹，看样子猴群已越过公路，向豹子洞迁移了。我们离开公路，顺着猴群的痕迹向前找去，越来越明显和新鲜的痕迹出现在我们眼前，大家心中一阵暗喜，悬着的心终于放下了。

自从在矮山池与第二群猴子分开后，我们就再也没有发现自己追寻的那群猴子的下落。从今天发现的猴群痕迹判断，大小规模与我们追寻的那群旗鼓相当，虽然不能肯定，但喜悦的心情已经在队员们心头浮动。

天快要黑时，我们在一处山包发现了猴群，从公猴的毛色与叫声判断，正是我们苦苦跟随的那群猴子。久别重逢，队员们很高兴，但考虑到猴子要休息了，记录下地点后，我们返回营地。

2006 年 6 月 27 日　晴

早上从桥洞沟出发，从昨天发现猴群痕迹的山沟上行，开始还有一段开阔的小路，渐渐地，四处的山梁把我们包裹在中间，最后我们直接行走在山沟里。虽然沟里没有水，但我们依然费了好大的劲才爬上一些高坎，来到了比较平缓的地方。

我们发现几棵海棠树被啃食过，地上也留有一些猴群经过时留下的痕迹。沿痕迹向前，在一处落叶松林边我们发现了猴群。此时，猴群正在快速地向前移动，时不时地半站立状抓住树干向前跳跃，不久，猴群就淡出了我们的视线。我们紧跟过去。前面的山林比较开阔，继续跟踪，很容易被猴群发现，无奈我们只好逗留在落叶松林里，远远地望着猴群离我们而去。

不过还好，猴群不一会就进入密林，减慢了移动速度。这时候，猴不在树上跳窜，大部分躲进林子里采食。我们悄悄移动到猴群的前面，在一块比较开阔的树林里，坐在高处看着猴群向公路方向移动。

晚饭过后，我们打着电筒到公路沿线查看是否有猴群穿越公路的痕迹。路的两边是黑压压的人工林，几只青蛙在马路上穿过，沿路查看下来，我们发现猴群没有穿越公路。

地面找食

回来的路上，抬头可以看到西边的银河，整片天空点缀着繁星，环绕在我们住的这片落叶林上空，杨敬龙吐了一口烟，说：“明天肯定是好天气”。大家心情不错，各自整理睡袋后就躺下了。

2005 年 6 月 28 日　晴

不知什么时候，帐篷外一辆汽车戛然而止，廖局长穿着迷彩衣与研究所所长杨敬元走下车，钻进帐篷，叫大家起床。他们上来得真早，还没有吃饭，给我们拖来了急需的胶鞋与日用品，特别是驱蚊水。夏天雨后的蚊子，像枪子一样，叮一口一阵疼。

廖局长去捡了一些湿柴，杨敬龙为大家准备早餐，煮了一锅面条，黄天鹏还赖在睡袋里不愿意起来，被姚辉搡骂了几句，爬起来，跑到沟里洗脸去了。

廖局长与姚辉交谈这几天跟猴子的情况，因为天气阴晴不定，我们也无法确定猴子是即将翻越天赐垭进入庙坪，还是要折返回到矮山池。不过，种种迹象表明猴群已经在天赐垭通往大草坪方向的沿山公路附近窜了很久了，仍然没有翻过马路的意思。

廖局长认为，天赐垭这段连通板仓境内的马路可能存在人为干扰因素，猴群受到惊吓，暂时尚不敢贸然穿越，等待合适时机，猴子很有可能穿过马路进入大草坪，到时候再想找到它们可就难上加难了。

遥望大草坪

听取廖局长的意见，我们一行人吃过早餐，稍微休整一下，就从桥洞沟出发，沿板仓公路向前进发，至天赐垭，找到一处相对稀松的树林向上行进，没走多远就发现猴群。猴群没有移动，也没有休息，只是有一部分在吃树叶，很多是在树上走动，眼睛望着前方的大草坪方向。我们躲在树林里，偶尔能够听见公路上过往车辆的声音，说明猴群离公路已没有多远了。我们不敢惊动它们，也没有找到合适的位置去进一步的观察，只是在树林里听着猴群的声音。它们走动的声音时远时近，可能是一会儿走远了，一会儿又回来了，就这样它们大概重复了四五次。

我们也猜出猴群的目的：它们是想穿过公路。但很可能是因为害怕公路上的车辆的噪音，所以一次又一次地到公路边上试探。能看出金丝猴对来自外界的声音十分敏锐，并具有超强的自我保护意识。遗憾的是天色渐黑,我们没能等到猴群穿越公路的壮观场面。

2005年6月29日　晴

大家对猴群浩浩荡荡穿越公路的壮观场面念念不忘，为了进行近距离的观察，早上五点多钟，我们就沿公路向天赐垭行进，走到天赐垭时已经是六点多，沿路仔细查看猴群在两边树木上留下的痕迹。在天赐垭前方下坡400米处，我们发现一处明显的猴群经过时留下的痕迹，但从痕迹上看，已经有段时日了。我们继续向前，在一个转弯处，听见有树枝颤动的声音，但没有听到叫声。大家迅速跑步追赶过去，但为时已晚，猴群早已穿越了公路，我们只看见了压阵的最后的几只猴。见此情景，大家的心又一次地悬了起来，默默地相互凝视。

查看地图

“我们千辛万苦跟踪的猴群此一去不知何时才能返回？”一个共同的疑问顿时在大家的心头萦绕，此时就是拦截，也失去了机会。大家抽着烟，望着猴群渐去，慢慢地，连猴群的声音也听不到了。我们带着极其复杂的心情开始往下走，进入树林我们才发现，林下全部是一米多高的灌丛，夹杂着一些藤子，还有大片的老鼠刺，进去就出不来，极其难走。一路在地上趴着向前，牢骚话也开始讲出来，大家都是窝着火、憋着气走完这段树林的。

来到一条沟边，前面如同鸡爪一样的十三个山脊挡住了我们的去路。这时已经下午四点钟，我们拿出地图一看，才知道这条沟名为火石沟。

火石沟非常长，几乎横亘在天赐垭与大草坪之间，是猴子在穿越阴坡后第一个水源补给地，所以说，这条沟在猴群的迁徙中尤为重要。

20 世纪 50 年代沿沟底尚有人居住，我们沿着沟底行走时，可以看到很早之前留下的坟墓，一排电线杆顺着沟底，为尽头的板仓村第十组提供电力。河床有时候很宽阔，很适合人在此居住。

除了作为猴群过路中重要的水源地外，其他分布在山林周围的野兽也常来此处喝水，沿途可以看到很多偶蹄目动物留下的脚印，尤其是野猪的脚印特别多，有的野猪吃饱喝足了，还要在此打上一仗，河床被它们撅得稀巴烂。

由于在沟底，我们无法判别方向，也不知从哪里开始行进。因为贴近公路，猴子在此只过一下而不停，喝完水就走，所以我们此时也不知它们的具体行踪。

2005年6月30日　晴

由于我们小组的四个人都没有在大草坪一带活动过，当然也不熟悉此处的地形，只好请了一名当地人给我们带路。

这位向导是板仓村民，对本地很熟，年轻时在火石沟底割过漆树。他说村里后面的山包上经常可以看到猴子，虽然猴子经常打那过，但近距离地接触它们，却很困难。

“猴子太鬼！”向导说。山里人相信，猴子死后，同伴们会把它的尸体掩埋掉，不然山里为什么很少发现猴子的尸骨呢？

在向导的帮助下，我们一早从桥洞沟出发来到了天赐垭，粗略计算了一下行程，我们无法当天返程，但又不能带着帐篷、睡袋等装备。在这样艰难的条件下，我们决定只带一张塑料布，望远镜和海拔仪，每人自带1斤米，将昨晚的剩菜和一点辣椒带上，尽量减轻重量，加快行进速度。

经火石沟至黄宝坪后，沿黄宝坪公路向后坪湾行进，一路之上还算平稳。来到后坪湾后，准备向大草坪行进时，向导也迷失了方向，稀里糊涂将我们带进一片箭竹林，经过一番艰苦跋涉，刚刚走出箭竹林，又不知不觉走进一片布满荨麻（当地人叫蛇麻草）的山沟。快到7月的天气，本是酷暑难耐，加之道路难行，弄得我们个个大汗淋漓，这片鬼地方又让我们裸露的胳膊被荨麻蜇得一片通红。为了寻找猴群的踪迹，大家咬牙坚持走完了这片荨麻地。下午六点多，天色渐晚，在一处冒水的稀泥边，我们停了下来，老杨用镰刀将一片稀泥挖开，形成一个小坑，待到浑浊的水变清备用。用木头搭起一个三角形的骨架，将塑料布盖上去，一个简易的帐篷搭建完成，夜色当中，大家简单地吃完晚饭，就休息了。

2005年7月1日　晴

清晨被一阵突如其来的小雨吵醒，看看时间才六点钟。大家相继起床，各自准备，姚辉和老杨在四周查找猴群的活动痕迹，黄天鹏、刘强和向导做饭。九点多，姚辉和老杨返回，准备吃饭时，打开多用水壶的盖子，看见米饭发黄，吃在嘴里涩涩的。也许昨晚大家太累太饿了，竟然没有注意到米饭的颜色和味道。

吃过早饭，我们按照刚刚查找的痕迹向前行进，顺着痕迹查找，发现猴群的活动痕迹越来越新鲜，快到大草坪山顶时，从一个山坳里传来了猴子的叫声，不时还有互相打闹的声音。走近观察，发现猴群正沿着火石沟向庙坪方向移动。它们移动的速度虽然不是很快，却难以跟上。前面的悬崖实在令人讨厌，时不时地挡住我们的去路，我们尽量寻找捷径，但最终还是没有跟上猴群。

看着远去的猴群，我们只好无奈地返回桥洞沟。返程途中，再次遇见了给北京大学跟踪金丝猴科考组当向导的杨敬文，询问过后才知道，他们跟踪的猴群也已经穿越公路向大草坪方向迁移。由于北京大学科考组在桥洞沟护林站租有一间房，离我们的宿营地没有多远，大家相约明天一同上山寻找各自的猴群。

2005 年 7 月 2 日　晴

一早，杨敬文便来到我们的营地，一同吃过早饭后，开始向天赐垭行进。在离天赐垭还有 1 千米处，我们沿右边山梁上行，至山顶再下至庙坪。一进入庙坪，我们就被大面积的落叶松林包围。四处都是同样的环境，一个山头接着一个山头，一不注意便会迷路。

据杨敬文说，此地名叫九岭十三湾，是猴子从大草坪下来后，有可能迁徙的路线

九岭十三湾

耕地延伸到尽头

之一。名字的由来是，此处山谷众多，一个山脊，下去就是一个山谷，再上来，海拔起伏很大。穿过九岭十三湾，对面就有人户，叫朱家湾。

在望远镜里，我们可以清晰地看到朱家湾的房子，那里是片平坦的开阔地，就像一个削平的山头，公路从村里穿过，农民的耕地，一直延伸到平地的尽头。

杨敬文说，不要小瞧了九岭十三湾，虽然眼睛可以看到朱家湾，但从庙坪穿过九岭十三湾需要1天的时间，进去就出不来了。

中午过后，我们沿着民工割漆的简易路向上攀登，没走多远，我们走进了箭竹林，行至海拔2600米处，准备在一处山坳的制高点休息。刚刚坐下，就听见山坳里传来金丝猴的叫声，循声望去，金丝猴正在悠闲地晒太阳，没有采食。大家观察了一会，杨敬文与我们争论起来，都认为是自己追踪的猴群，争得相持不下。可能是我们的争吵声惊扰了它们，一阵叫声过后，它们消失得无影无踪。我们在山坳四处寻找，可是发现猴群个体并不多，活动的面积也很小。杨敬文在查看痕迹后离开，继续寻找猴群去了。而我们只能沿着刚才的痕迹向下寻找，又一次行走在箭竹林里，偶尔可以看见猴群逃离时留下的痕迹，至海拔2300米，彻底见不到猴群的痕迹了。

2005年7月3日　晴

今天依然直接至庙坪，和昨天不一样的是，我们在进入庙坪后就迷路了。转悠了2个小时，没找到回去的路，也没找到上大草坪的出口。直到十一点钟时，看见附近农民喂养的牛，我们不停地做记号，才找到出路。

2005年7月4日　晴

鉴于昨天的教训，一进入庙坪，我们就很详细地观察四周，打记号，并按昨天的线路，顺山而上，沿路没有发现猴群经过的痕迹。很快就到了大草坪，我们沿着大草坪下方向后坪湾方向找去，所到之处，我们仔细听，详细查找，就这样我们穿过了几个延伸的鸡爪岭，直至中午一点还是没有任何发现。

到后坪湾上方，我们心情可以舒展一下了，因为在这里，基本可以看见老百姓的房屋，不再是无人的区域。不远处的一处山脊上，我们发现了猴群。原以为猴群会从九岭十三湾向将军寨移动，谁料却在后坪湾找到。此时，猴群正在休息，我们不敢打扰，在沟底看着它们。下午三点多，一些个体稍大的金丝猴们慢慢爬上树梢，开始准备迁移，其他的猴还在静静享受阴凉，小猴子们则在林间欢快地穿越，从一棵树“飞”向另一棵树。

2005 年 7 月 5 日　晴

早上起来时天边朝霞一片，天空露出了久违的笑脸。看样子这样的好天气还得持续一段时间，我们的心情十分舒展。在歌声和欢笑声中，我们开始了一天的工作。

沿着昨天的线路前行，我们很快就找到了猴群，但是它们已绕过大草坪向庙坪方向移动了很长一段。十一点多猴群完成了它们的觅食工作。我们在望远镜里看见一只大公猴正在寻找休息的树木，这只大公猴看到前面一棵高大茂密的华山松，竟然不顾一切，迅速爬了上去。可是这个树上早就被另一户猴子家庭占领了，“家长”也是个公猴。这个家长看见有猴上来，立刻从树顶冲下来，与其纠缠在一起，打了起来，场面十分激烈。结果，这个家长惨败而归，只能带着几只母猴爬上另一棵低矮的树。平时，我们只能听见金丝猴的叫声，看见它们在林间小打小闹，还没有机会见到它们真正的“一展身手”，因此这一回，是我们跟猴以来见过的最清晰的金丝猴激烈打斗的场面。没想到的是，在打斗过程中，公猴的弹跳力如此之强，六七米的间隔，一个纵身就跳了

从树顶冲下，准备厮杀

过去，可见其强悍有力。下午猴群刚刚开始活动，我们就赶在猴群前面向前行进，不一会猴群就一声不吭温顺地跟在我们的身后，走走吃吃，直到我们准备返回时，依然在我们后面。

2005年7月6日　晴

按照猴群昨天的迁移速度和方向，我们判断猴群有可能已迁移至庙坪和大草坪之间的山腰。所以我们早晨出发时，先在天赐垭用望远镜观察对面山上的情况，没有看见猴群活动。我们从庙坪上山，到大草坪山腰时，也没有发现猴群活动的痕迹，证明猴群还没有迁移过来。我们沿着高海拔继续向前行进，行至昨天发现猴群的位置上方，仍然没有听到猴群活动的声音。

我们只好转向低海拔前行，一路朝庙坪坝方向不停地观望，当再次走到庙坪和大草坪半山腰时，终于发现了猴群经过时留下的痕迹。看样子，当我们从高海拔查找，再向低海拔行进时，猴群就已经经过了这里，向将军寨方向迁移而去。好聪明的金丝猴！它们在有意跟我们兜圈子。见此情景，我们只能"望山兴叹"，再看看时间，已经是下午五点，猴群虽然没有看见，但方向确定了，所以我们带着这一丁点的收获，返回了桥洞沟。

2005年7月7日　晴转雨

根据昨天见到的情况，今天我们直接向大草坪方向前进。刚刚到达，天公再次捉弄起我们，刚才的艳阳瞬间即逝，随之而来的是豆大的雨点。我们谁也没有携带雨衣，周边也没有可以躲雨的地方，便返回桥洞沟。在返程的路上碰见了正在桥洞沟护林站检查工作的温水林场场长杜建军，我们互相问好。得知我们的情况后，温场长说什么也不让我们住在野外了，他安排护林站腾出办公室，暂时让我们住在里面，虽然没有床铺，但可以结束那种外面下大雨里面下小雨的帐篷生活了。

2005 年 7 月 8 ~ 11 日　雨

无法进山，在桥洞沟休息。

2005 年 7 月 12 日　雨

连续几天的大雨，迫使我们的跟踪工作陷入僵局。大家待在桥洞沟，始终有些牵挂。中午吃过午饭，看着雨小了些，我们立即穿上雨衣，准备到天赐垭一带去看看，以免猴群穿越公路。我们沿着天赐垭来到十二里半坡查看，中途没有发现猴群穿越公路的痕迹，接着从十二里半坡返回到离天赐垭两千米处，终于看见公路左侧山上有一群金丝猴。雨中，几只母猴端坐在冷杉树上，路下面的几只猴子正在往山上跳，有的正行进在路中央。猴群也看见了我们，尽管没有发出警报，但我们还是躲在一边，找到一处制高点观察猴群穿越公路的情况。

这个猴群在 200 只左右，开头大家都以为，这就是我们一直以来追踪的猴群，但也纳闷，难道几天不见，它们的胆子变大了，猴群的数量也增多了？

2005 年 7 月 13 日　晴

我们判断，昨天看见的金丝猴，大概是杨敬文他们长期跟踪的那一群，我们的猴群比他们那群更早穿越公路，现在他们的猴群已穿越公路返回，我们的猴群也应该在这几天穿越公路返回阴坡一线。

早上依旧沿庙坪上至大草坪，从早上十点钟开始，我们一直在大草坪一带仔细查找，发现猴群把经过时留下的痕迹弄得乱起八糟，到处都是被翻过的苔藓，地上随处都是树枝，一些树叶被啃食一光，痕迹都很新鲜。难道它们在这里搞过森林派对？但这简直是在故意制造假象，给我们的跟踪带来了困难，让我们无法分辨它们的去向。

出现这一幕“被猴耍了”的情景，我们也没有办法确定下一步的行动了，大家只觉得又好笑又恼火，只好先返回营地，再做打算。

2005年7月14日　雨

又是一个雨天，真是该死的天气，让科考队接连一个星期与我们的猴群失去了联系。大家都很烦心，天公偏偏也不顺人意，越是祈祷雨停，越是不停下雨，弄得我们没有了头绪。但是任务尚未完成，工作仍要进行，我们只好穿上雨衣上山，今天计划到火石沟查看。

行至天赐垭，准备往火石沟行进时，听见前面传来金丝猴的叫声，一阵接着一阵。在一处转弯的制高点，看见公路上下，成群的猴子往山上跳，比前天看见的还要多，正在穿越公路，向阴坡方向迁移。但是很明显，这仍然不是科考队一直追踪的猴群。见此情景，我们无可奈何，当初看着这个猴群成群结队地越过公路，迁往大草坪，心里已经是无比的失落，现在又看见它们成群结队地折返，我们的猴群却一点消息都没有，心情简直低落到极点。此刻大雨袭来，又一次淋透了我们的身，也淋透了我们的心。我们垂头丧气，身心疲惫，各自沉默无言，只好返回桥洞沟。

2005年7月15日　晴

我们只能选择继续。早上，我们从庙坪上至大草坪，行进至山腰时，发现有人经过的痕迹。我们沿着这些痕迹一直行至大草坪中央，碰见一群野外徒步探险的年轻人。他们告知我们，这几天确实看见几群金丝猴，但他们也只是远距离观看，并没有做出什么惊扰猴群的行为。尽管如此，十一人的探险队伍在森林穿越，无需靠近，光是阵势就足以让猴群退避三舍。我们终于明白这几天猴群像赶集一样来来往往的原因了。

告别了这支探险队伍，我们来到大草坪下方，从靠近板仓公路的一面坡，绕过几个鸡爪岭，在一处山坳里发现了一个猴群正在向火石沟迁移。猴群迁移的速度较快，很安静，

火石沟

几乎只有林间跳跃的声音，但偶尔也会有稀疏的叫声传到我们耳朵里。我们跟着猴群向下，不知不觉地走进了其中一个鸡爪岭。猴群顺着岭的两边向下移动，我们却只能在谷底的小沟里前行，一路上，高坎一个接着一个，小沟又被许多的灌木、树藤、倒木阻拦，高一脚，低一脚，行走十分艰难。不知不觉，终于走出了小沟，并超越猴群，来到了一处较大的水沟，此处河流湍急，仔细观察后，方知这正是火石沟。我们不敢停留，沿着火石沟小路快速上至板仓公路，找到一处制高点，这时候，大部分的猴子都安静了下来，看样子是要休息了。

2005 年 7 月 16 日　晴

一早我们便急急忙忙地赶到天赐垭，希望猴群赶快穿越公路，好让我们结束这种野外生活，可以在大龙潭睡一个好觉，吃一餐饱饭。到达天赐垭后，猴群还没有开始活动，在望远镜里看见有的猴坐在树上，时不时地抬头观望一下，又继续埋头休息。快到八点的时候，猴群才开始大面积地活动，它们下至火石沟，渐渐地淡出了我们的视线，因此我们也观察不到具体情况。

上树等待后面的猴群

大家继续守候，不敢往下行进。下午三点多时，猴群再次进入我们的视野。在前面“打头阵”的猴，向上移动的速度特别快，与后面的大部队拉开了很长一段距离，它们却没有停下的意思，快到路边时，速度终于慢了下来。一些猴就在路边的高树上等着后面的猴群，或者试探性地走上公路，又下来。我们看见猴群离公路还有一段距离，便悄悄地向它们靠近，走到前几天下雨的滑坡处隐蔽了起来，我们相互之间间隔几米。

突然，几只大公猴连续的报警声传到我们的耳朵里，只听见树枝哗哗地响成一片，不一会就没有了声音，我们起身前去查看，发现猴群已经向天赐垭背面庙坪的方向逃离。我们顺着地上的痕迹快速跟上，在天赐垭还能听见掉队金丝猴的叫声，继续向下查找时，就完全失去了猴群的踪影。我们不依不饶，在最后的痕迹周围仔细查找，仍然没有任何发现，我们又一次跟丢了猴群。

在返回的路上，大家相互指责，谁也不承认是自己没有隐蔽好而惊动了猴群。但争吵和追究责任是没有任何意义的，一阵争论过后，我们都默默地回到了桥洞沟。

2005年7月17日　晴

今天我们先行至天赐垭，沿着昨天的痕迹仔细查找，还是没有任何发现。但是根据分析判断，我们确定了猴群的两个可能去向：一是从火石沟至大草坪，一是从庙坪至大草坪。由于火石沟一带峡沟较多，不便于查找，我们先沿天赐垭后山向下至庙坪。地上和树上都没有明显的痕迹，中途看见一些，但不能肯定就是昨天留下的。来到大草坪，我们又沿着桥洞沟方向再转向将军寨行进。到达一处草坪，我们发现了人为碾压过的痕迹，还留有一些花生和核桃的壳。看样子，很有可能是杨敬文跟踪猴群时在这里休息过。

一群小猴

此时已是中午一点多，我们走进树林，边吃午饭边仔细查看地图，发现沿着我们现在的位置向下就是柏杉园，再沿大草坪向前就是将军寨，我们决定向下行进，看看猴群是否经过这里，向将军寨迁移。启程没有多久，我们竟然就不知不觉地闯入了猴群的领地，只听见一些小猴不停地报警，我们随即就地躺下，一动不动。不一会，在我们头顶的树上，就聚集了一群小猴，望着我们不停地“呜嘎，呜嘎”。小猴越聚越多，围坐在一起，报警声也一阵接一阵，此起彼伏。不远处的一只大公猴背对着我们，不时扭过头来看一下，小猴的报警声似乎并没有引起它的注意。

我们在地上足足躺了四五十分钟，感觉背部湿漉漉的，可是我们又不敢剧烈地活动，只能小心翼翼地背靠大树坐起来。刚才的一群小猴，一个接一个地追随猴群向前移动了，后面又有几只带着小猴的母猴跟上，却在我们头顶的枝桠上坐定，似乎没有准备跳走的意思。这让我们兴奋起来，这么多天以来，第一次这么近距离地观察到金丝猴，而且最近的距离，竟然只有一米多。尽管如此，大家也只能一动不动地坐在那里，实在憋得难受，就每人点燃一支烟抽起来。打火机的响声引来了几只更小的猴子，它们没有报警，只是趴在树上探出一颗小小的脑袋，好奇地望着我们。

不一会，前方有猴子大叫起来，引起群猴回应，远处传来劈劈啪啪树枝折断的响声，猴群开始移动了。我们仍然没有动弹，等到猴群全部从我们头顶经过之后，才起身沿着山路而下，经朱家湾，到达柏杉园。我们在一个小卖部找到电话，准备叫局里安排车辆接我们返回，但因为没有多余的车辆，我们只得步行至野马河路口，在那里租了一辆车，将我们送回桥洞沟。

2005 年 7 月 18 日　晴

按照昨天掌握的情况判断，今天猴群很有可能向下至庙坪。我们随即前往庙坪，等了 1 个多小时，也没有听到猴群向下移动的声音，便顺山梁而上，走至山腰间，果然看见猴群正在向火石沟方向移动。我们没有再继续向上，也没有尾随猴群，而是返回营地，因为害怕再一次惊到它们。

晚上吃完饭后，我们打着电筒到天赐垭查看猴群的活动情况，只听见火石沟沟底有猴群的叫声，但不是很明显，叫过几声后，森林就彻底陷入了无边的静寂。

2005 年 7 月 19 日　晴

今天我们起来得晚一些，不敢再太早前去观察，害怕因为我们的失误，又导致猴群向大草坪方向折返。

将近中午的时候，我们才开始出发，一点多钟到达天赐垭，找到一处制高点观察，发现猴群已经越过公路，向阴坡一带移动。好在猴群迁移时走得不是很高，我们沿着公路一直跟着，直到猴群开始远离公路，向上迁移。前一段的教训，使得我们不敢再犯错误，就是跟踪，也得找到适合的位置和时间。于是，我们停止了跟踪，目的是尽量减少与猴群接触的时间。

为了不惊吓到猴群，我们提早撤回营地。中午草草吃了饭后，黄天鹏一人上到公路上，查看猴群足迹。最近几天猴群与队员们玩捉迷藏，队长有些担心猴子是不是已经进入大草坪，吩咐余下队员相继向板仓方向前进，一路查看猴群动向。

过了 1 个小时，杨敬文打来电话称在火石沟上游发现猴群穿越马路痕迹，从树枝断裂的新旧上猜测应该是早晨时被压断的，但不清楚是不是我们追踪的那群猴子。

随后，姚辉赶到事发地。大家对痕迹的判断大致相同，但对是哪群猴子却莫衷一是。杨敬文曾在 10 年前就跟踪猴群至此，他说火石沟是猴群翻越天赐垭后第一个饮水点，是必经之路，但金丝猴没有在低海拔区停留太久的习惯，一般都是迅速穿越，从时间上

讨论猴群的去向

判断，如果早上猴群穿过马路，现在估计已经到庙坪附近了。

大家争执不断，此时已接近下午五点，决定先回营地，明天早起来此守候，看是否还有猴群要过马路。

2005年7月20日 晴转阴

一早起来，我们沿着公路行至天赐垭，找到一处比较开阔的树林向上行进，走至一个小山包的草坪上，查看四周，听见猴群的叫声在我们下方。仔细一看，猴群不知什么时候又一次折返，已越过公路，只见公路下方的树林里，树木在剧烈地晃动。我们赶紧下至公路，但没敢靠近，只是找到一处制高点暗中观察。我们发现并不是所有猴群都在公路下方迁移，仍然有一部分在公路上方的树林当中向前移动，好像并没有穿越公路的动向。大家提心吊胆地看着猴群移动，直到下午六点多钟，猴群仍然维持现状，在此起彼伏的叫声当中，不停向前移动。此时猴群离十二里半坡已没有多远，虽然天色逐渐黑了下来，猴群却依然没有休息，将近九点的时候，猴群仍然分成上下两拨，但渐渐地没有了声音。

2005年7月21日　阴

六点钟我们就来到昨天观察猴群的制高点，坐在那里用望远镜观察，猴群已开始活动。忽然一阵汽车的轰鸣从天赐垭传来，我们迅速赶过去，强行将车拦截下来。原来是辆客运车，准备一早去板仓载客，好话说了老半天，司机坚持要继续向前行驶，我们只得按照租车的价钱谈好，让他在那里等着。

随着太阳逐渐升起，猴群开始大面积活动，八点多时公路下方的猴群开始越过公路。等到所有的猴子都转移到公路上方之后，我们便通知司机可以通过了，也顺便坐上他的车，行至猴群经过的地方。下车之后，我们就在公路上倾听猴群的动静，直到听不见声音过后，才找到一处山沟，顺沟而上，尾随其后。由于找不到合适的地方观察，只能在树林里，通过声音捕捉动静。一段时间后，我们才找到一棵相对高一点的树，爬到树上查看猴群移动的方向。

在树林里走了一整天，就这样一直跟着猴群，我们也不知道到底到了什么地方。下午五点多，我们没有再继续跟踪，返回桥洞沟。

2005年7月22日　阴转雨

早上，我们沿着公路行至天赐垭，在快到十二里半坡的时候，发现一处过去伐木的简道。于是顺着简道而上，没有走多长时间，路渐渐消失了，看到遍地都是被遗弃的切好的木头。就在这里，我们发现了猴群迁往阴坡时留下的少量痕迹，也不是很明显，只是在一棵华山松树下，看见几个还没有成熟的松果被啃食过，丢弃在地上。

中午十二点，天空响起一阵轰隆隆的雷声，但未见雨点落下。两点多，我们终于发现了猴群，但是刚刚用望远镜看了几分钟，雨水便倾盆而下，还伴随着闪电以及更响亮的雷鸣。金丝猴们似乎被那一阵阵的猛雷吓着了，每响一次，就有猴在怪叫、报警，再也没有继续向前移动。直到雷声停下，猴群才安静下来。

我们也被雨淋得够呛。刚才电闪雷鸣的时候，每个人其实也跟金丝猴们一样，害怕得要死，每一个雷声就像在头顶炸开，而我们又在树下避雨，想起来，大家就觉得后怕。

2005年7月23～24日　雨

因为下大雨，无法到野外工作，我们只得在桥洞沟休息。黄天鹏和刘强已经感冒几天了，开始还在外面采了一点草药熬着喝，24日都变得严重起来，只得派人下山买药。

2005年7月25日　阴转小雨

今天早上，雨终于停了，但乌云密布。刘强和黄天鹏在桥洞沟休息，我们早上准备到阴坡去看看，可是刚刚行至阴坡，大雨袭来，只得返回。

2005年7月26日　阴

连续的几个雨天使我们不得不一直待在营地，与猴群失去了联络。今天上山，又得重新查找痕迹。

我们由阴坡的废弃公路上行，走过一大片箭竹林，到达山顶，先是朝着梅家方方向查找，没有发现猴群活动的痕迹。随后，又返回早上到达的山顶，往桥洞沟方向查找，一路之上仍然没有发现猴群的痕迹。大家看着天色渐晚，准备起身返程，下至海拔2500米时，终于发现一片猴群经过时留下的痕迹，沿途很多树枝被折断，看方向是朝着桥洞沟移动。今天原本以为找不到猴群的活动痕迹，但却在返回时找到，也算是小有收获，真是不幸中的万幸。

2005年7月27日　阴有浓雾

外面起了好大的雾，能见度极低。我们沿着桥洞沟前面的废弃公路上行，找到一个合适的地方进入树林，向阴坡方向行进。此时雾越来越大，前面的山梁完全被遮蔽起来，大家只得摸索着前进。由于这一带我们几个都不熟悉，不敢贸然行动，只能一边走一边听。快到豹子洞时，在一片落叶松的下面，好像听到猴子的叫声。但浓雾让我们伸手不见五指，只好找到一棵干枯的冷杉树，将其推倒。倒树的声音果然惊到了猴群，我们这才终于摸清了叫声的来源。不过猴群没有因此逃离，只是大叫一阵后，在下面慢慢地向前移动，我们也在上面顺着声音前行，不敢脱离来时的路线。

下午四点多钟，我们都不知到底到了哪里，猴群还是在下方活动，我们只能开始寻找回去的路。可大家还是迷路了，无奈之下，我们找到一处好走的树林下山，不知不觉又走到一条有水的小沟里，只好顺着沟，硬着头皮走了2个小时，竟然上了板仓公路。拖着疲惫的身躯，继续又走了近2千米，我们才到天赐垭。

2005年7月28日　阴有浓雾

今天同昨天一样，能见度不是很好，四处都被浓雾笼罩着。我们赶到昨天金丝猴迁移的方向，上下寻找猴群活动的痕迹，竟然什么都没找到。我们接着朝不同的方向分头寻找，终于在靠近天赐垭的一处草坪边上，发现了猴子的脚印和一些掰断的树枝。我们立即汇合，沿着猴群活动的痕迹向前方搜寻。大约走了3个小时，就在大家都快要绝望的时候，前方终于传来了猴的叫声，大家悬着的心，才终于落下地来。不知什么原因，这几天猴群的迁移速度总是很快，即使我们在前面预计了很长一段距离，却总是被超越。尾随猴群走走停停，也看不见个体，只能听见声音。但我们发现，从猴群出现到现在的几个小时路程里，基本上都是在落叶松林前行，难道猴群快速迁移就是为了避开这片落叶松林？

2005 年 7 月 29 日　阴

早上沿桥洞沟的废弃公路上行，直至尽头，再顺山梁而上，在一片阔叶林里，我们发现猴群正在沿着山梁向上迁移。观察猴群的迁移方向和速度，能看出它们有折返的迹象。但我们没有阻拦，上至一处制高点继续观察。

今天虽然也有雾，但与昨天相比，还是能够隐约看见猴群，只是能见度不是太高，望远镜也失去了作用。中午时分，山上的浓雾慢慢向下弥漫，不一会儿，猴群就消失在白茫茫的雾气当中了。我们只能悄悄地跟在后面，凭声音摸索方位，等到它们折返到阴坡后，我们返回。

2005 年 7 月 30 日　晴

今天天气放晴了，外面空气清新，能见度逐渐恢复。早上出发时，四周还有薄雾，由于无法摸清昨天和猴群分开的具体位置，只好去到天赐垭豁口，穿过落叶松林，在一块草坪处寻找它们的踪迹。

由于天气晴朗，这几天跟踪猴群的线路都在眼前清晰可见。在弄清楚周围的地形过后，我们沿着一条深沟行进，而后爬上了一处陡峭的山坡，在那里用望远镜观察四周，

在落叶松林中前行

并细细聆听周围的动静。不一会儿，就有猴群的叫声从身后传来。我们循声而去，此时猴群已经安静下来，到了午休时间。大概刚才又有“家长”为争夺大树发生争执，才会被我们发现了行踪。

我们也没有继续走动，躲在一处崖下，随便吃了一点东西，就地躺着，跟金丝猴们一起进入了午休时间。

2005年7月31日　晴

猴群并没有走多远，今早上山，我们很快就找到了它们。发现猴群的时候，很多都在地上扒拉什么东西，由于离得比较远，只能通过望远镜观察，看不清楚它们到底在干什么。猴群在地上活动一段时间后，陆陆续续开始上树，采食树叶。边上的几只公猴端坐在一棵较高的杨树上，剥食包裹树干的云雾草，但草很少，不一会儿就吃完了，之

摘食树叶

后它们又跳到另一颗高树上，相互打闹。这时几只小猴也跑过来凑热闹，它们一齐坐在枝椏上，互相理毛，其乐融融的样子，看起来很有意思。

2005 年 8 月 1 日　晴

早上上山时，桥洞沟护林站的信祖成和几个护林员准备去庙坪巡山，我们相约一起，行至天赐垭后分开。再向前行进一段后穿过一大片落叶松林，我们来到了前几日发现猴群活动的那片草坪。但今天行进的位置和那次有偏差，草坪变成了沼泽地，双脚不时深陷，费劲才能拔得出来。光是走出这片草坪，就花费了我们很多时间。

接下来，我们顺着草坪边上的一片树林上行，下午两点多发现猴群，但猴群好像又准备向桥洞沟方向迁移。昨天猴群刚刚迁移至此，今天又返回，看样子又要来来回回地迁移几次了，我们只能悄悄跟着。

2005 年 8 月 2 日　晴

根据昨天的跟踪情况，今天我们直接行至桥洞沟废弃公路，大概爬到海拔 2333 米时，就听见猴群叫声。我们快速赶过去，竟然看见猴群正准备穿越公路。大家面面相觑，都觉着太不可思议。这群金丝猴到底想干什么？一会过去，一会过来，昨天还在天赐垭，今天早上竟然已到这里。好在我们每次都赶在猴群前面活动，不然这次又该前功尽弃，重新展开搜寻了。

看样子，猴群正准备向观音洞方向返回，虽然它们的移动速度很快，我们却暗自高兴：一旦它们返回了观音洞，我们也就不用在这里受苦了。但猴群似乎又改变了主意，穿过公路以后，没有再继续向前移动，而是停留在公路上方不远处的山脊休息，下午时又返回，再一次越过公路，向阴坡迁移。我们的情绪就在这群猴子的路线变更当中起起落落，搞得我们喜一阵，悲一阵，完全摸不着头脑，只有继续跟在猴群后面，向阴坡行进。

2005 年 8 月 3 日　晴

为防止猴群再次折返，我们依旧沿桥洞沟废弃公路上行，走完废弃公路后，依然没有发现猴群的活动痕迹。我们开始担心猴群并没有折返，便沿公路返回。行至一半的时候，我们发现了猴群，它们已经开始穿越公路。虽说是公路，路中间却都长出了很多粗树，猴群不一会就全部通过了。我们找到和猴群移动方向相平行的一条线路，并向猴群靠近，故意弄出很大的声音。不知是猴群没有听见还是不再害怕，没有一点惊恐的表现，仍然保持着正常的速度，悠然自得地行走。我们不敢继续加大惊扰力度，只得尾随猴群，不停地往上迁移。

猴群今天竟然也没有午休　，而是一直不停地走，也不知到了什么地方，只看见前面又是一片落叶松林，猴群的速度终于慢下来，开始采食。看看时间，已是下午五点，

开始采食

我们没有再继续观察，开始返程，但我们不知不觉地闯进了一片人工栽种的密林，强行通过才下至公路。这时才知道，我们已经在桥洞沟前面很远了，差不多已经到了六里半坡的位置。晚上回到营地的时候，已是九点多。

2005 年 8 月 4 ~ 7 日　雨

持续大雨迫使我们在桥洞沟休息。

2005 年 8 月 8 日　晴

连续 4 天的大雨，将我们留在了桥洞沟，也把我们与猴群的距离拉开了一大截。早上行至六里半坡，找到一处相对平缓的山坡上行。到了山顶，发现眼前的“山顶”其实是一个小土包，我们只得继续向上行进，行至海拔 2500 米处时，众人迷失了方向，找到一棵高树观察，前面是一片枯死的箭竹林。一不做，二不休，我们硬着头皮走过了这片箭竹林，又继续向前行走了一段，在横梁上发现猴群经过时留下的痕迹，面积较大，看上去大概有一两天的时间。顺着痕迹行进，没有走多长时间，发现猴群的痕迹有折返的迹象，这让我们再也无法判断猴群迁移的方向了，只好原路返回。

2005 年 8 月 9 日　晴

今天我们准备前往桥洞沟废弃公路，沿线查看猴群的活动情况，看它们是否又折返回天赐垭一线。一路上看见的都是几天前的痕迹。我们找到一处山梁，顺着山梁上下查寻，同样没有发现猴群的活动迹象。一天下来走了不少路，但始终没有发现猴群的行踪。虽然没有什么直接的收获，我们却从中获得了一个信息——猴群很有能已返回到鱼儿沟、胜利桥一带了。

去而复返

2005年8月10～27日

8月盛夏，天气异常燥热，划过北纬31°的阳光炙烤着大地，在密林中穿行的我们非常怀念去年在空调房间里的日子。

神农架的山林也进入一年中最繁盛的季节，山顶的冷杉林异常茂密，向下延伸着高山杜鹃林或者已经长到齐腰深的箭竹丛。

海拔1500米以下被山毛榉科的栎树统治，当然这里面有些珍贵树种，如珙桐、红豆杉，珙桐已经过了花期，如果我们在路上碰到红豆杉，会把这种在冰川时期遗留下来的物种的卫星坐标记录在笔记本上。

干涸了6个月的山谷，在雨量最充沛的几天内，甚至会暴发一次山洪，这也是夏日在外扎营最让人提心吊胆的事情。很多山坡发生了泥石流，一些生长了一百多年的冷杉、红桦，就这样被连根拔起，横躺在我们跟猴的路途中。

晚上蚊虫很多，除了准备驱蚊药水，还要背上蛇药。夏季的清晨与傍晚，是这些冷血动物活动高峰期。神农架可以致死的毒蛇不多，剧毒的蛇类如菜花烙铁头、竹叶青，数量稀少，不过，一旦碰到，也是让人望而却步。

桥洞沟以北的跟猴日子就在盛夏的开始之时草草结束了。我们不敢肯定猴子现在到了哪里，不过一定越过了天赐垭的公路，向螺圈套大峡

盛夏的神农架山林

谷奔去了，因为这个季节有它们最喜欢吃的五味子、凤仙花、悬钩子、猕猴桃。

为了能更快地确定猴子是否回到桥洞沟以南区域，我们每天都在观音洞一带查看。经验告诉我们如果猴群进入大峡谷，很可能会在几天内迁徙到这里。

漫长的雨季还没有停止的势头，盲目的寻找与糟糕的天气都在折磨我们，就在我们快要放弃的时候，新的机会出现了，观音洞开始出现猴子的叫声。

令队员们没有想到的是，这一次，猴群返回观音洞对以后接近猴群的计划具有决定性意义：猴群自己进入了大龙潭，开始与我们朝夕相处的日子。

中华猕猴桃

2005年8月10～14日　晴转雨

队里增加了新成员，一个刚大学毕业的毛头小子张玉铭加入跟猴队列。8月10日，我们坐着局里送物资的车子回到大龙潭，昨天夜里老杨高烧不退，跟着车子回了木鱼镇。

8月11日，我们开始在鱼儿沟扎营。河水暴涨的速度超过我们的预测，2个月前扎营的地方已经被河水淹没，河谷两侧繁茂的冷水花与荨麻混交在一起。尽管是骄阳似火，隐蔽在树阴内的山谷却显得阴气逼人。

新来的张玉铭不禁打了几个喷嚏，黄天鹏提醒他多加件衣服，尽管是盛夏，神农架的鬼天气，谁也难以预料。

8月12日上午十点钟，我们开始沿着鱼儿沟检查猴群痕迹，在六里半坡不知不觉迷了路，回到了桥洞沟的废弃公路上。

虽然没有走多远路，张玉铭已经开始体力不支。我们放慢速度，沿着公路走到尽头，在一个有水的沟边，看见猴群在沟边喝水时留下的脚印，两边的树上却没有任何痕迹，其他地方也没有新的发现，我们只得继续向上查找，大概走了近1千米，果然看见猴群大面积活动的痕迹。从痕迹上看，猴群离开这里的时间顶多也就1天，有些树枝掉在地上，树叶还没有蔫。

是不是我们跟踪的那群猴子经过时留下的，大家还不敢确定，从8月4日算下来，我们与猴群失去联系也有1周的时间。这种杳无踪迹的煎熬，虽然已经出现很多次，但队员们还是希望尽快找到跟散的猴子。

制高点的工作餐

第二天，13日，我们依然很早就从营地出发，沿着沟底走到到扇子坝时已是中午一点钟。找到一处制高点，我们边吃饭边听听周围有没有猴群的动静，但是没有听到猴子的叫声，之后我们又在扇子坝的草坪边上查看了一遍，仍然没有发现痕迹。所幸的是，我们在返回途中，在一处两边是冷杉林、中间是草坪的地方，看见有猴群穿越过的痕迹。走近观察，发现一些将近1米高的草被经过的猴群压倒，朝向螺圈套。

如果猴群就此进入峡谷，我们的跟踪计划又要泡汤了，几个人强打起精神。回去的路上，天空竟然下起了冰雹，这八月的天气下冰雹，大概说起来也没人相信。

张玉铭这会才后悔没有听黄天鹏的话，体温流失很快，走路有点吃不准方向了。大家减慢速度，刘强走在后面，防止他掉队。回到营地的时候，场面已是一片狼藉：帐篷被风吹到几十米外；资料散落得到处都是，有些被风吹到了树上；食物滚翻在泥土里，完全吃不成了。

经过一夜的冰雨折腾，没几个人睡得着觉。出来的时候因为酷暑天气，睡袋与衣服都是按15摄氏度以上的标准仓促准备的，没想到一夜之间，天气回到初冬。一整夜，大家只有靠抖来取暖了。

14日早上起来生火，所有干柴都被打湿了，附近又找不到红桦林，队员们的心情降到谷底。

没有办法，近10天没有猴子踪影了，即使不吃早饭，我们也得上山找猴。队员们也不知道哪里来的劲头，豁出去了："上山！"。

就在大家饿着肚子在鱼儿沟的山梁攀爬时，天空又开始下起大雨。大家冒雨行至矮山池，在那里找到了猴群进入螺圈套的蛛丝马迹。看样子，猴子进入螺圈套是确定无疑了，而今后，我们该怎么行动，大家都没有办法。先前的计划是，在猴群进入矮山池豁口前发现它们，查看它们进入螺圈套后会往哪个方向走。

望着几天前留下的猴群痕迹,大家最后一点希望也破灭了。黄天鹏恨透了这鬼天气，张口粗暴地骂了几句。姚辉站在一颗长满苔藓的冷杉树下，看着面前被云雾遮挡的大峡谷，一筹莫展。

2005年8月15～18日　雨

下雨，无法工作，我们不得不在大龙潭休息。

2005 年 8 月 19 日　雨

连续几天的大雨，大龙潭周围的山脊上，永远披着一层神秘的浓雾。如果雨季一直延长下去，我们前几个月的跟猴行动，真的可谓前功尽弃了。已经接近半个月没有见到我们要跟踪的猴子了，说不定它们早把我们忘了，或者根本就没有把我们放在心里。

4 个月来与猴群积攒的一点点信任感，现在已经消失殆尽，不管队员们怎么抱怨，老天似乎都没有要晴朗的时候。几名队员甚至有打包回家的念头，只是研究所一直电话关切，我们打算，不管怎样，猴子跟丢了，就再找回来。

2005 年 8 月 20 日　雨

雨稍小，留下初来的张玉铭，剩下 4 人准备到观音洞一带查看。到达瞭望哨后，因为雾气太大，什么都看不清，只能返回。

2005 年 8 月 21 ～ 23 日　雨

今天的雨依旧很大，上午我们原地休整。听说有几天队员们没有上山了，廖局长上来给大家打气，黄天鹏看着有些沮丧，一个人走入雨中。大龙潭观测站外的山脊上，一丝动静都没有，雨点砸在山顶的山杨上。此时，雾气很大，不仅是海拔低的地区，就连观测站背后海拔 3000 米的金猴岭也埋没在雨雾中，不见踪影。

廖局长与杨敬元、姚辉商量，根据前段时间跟猴的路线，我们应该拟定一个比较科学的跟踪方案，尽量减少折腾，尽快找到猴群，继续进行跟踪考察。

廖局长鼓励队员们不要放弃，等待雨停了就上山查看痕迹。果然到了下午，雨终于小了起来，我们几个又到观音洞继续查看。到达观音洞后，在瞭望哨听了一会，没有发现任何动静。我们便沿着下阴峪河的小路向下行进，在一处石崖，发现有猴群经过的

金猴岭也淹没在雨雾中

痕迹。我们沿着石崖向上攀登，到顶后发现前面就是瞭望哨。此时，隐约可以听到猴群的叫声正在由谷底向上传来。开始我们都以为幻听了，但是在经过仔细辨认后，确定是金丝猴的叫声——噫、噫，好像在跟我们打招呼。

久别重逢，我们难以抑制内心的激动，因为谷底雾气太大，我们用望远镜很难看清楚，不过一个明确的信息告诉我们，那群猴子，我们找到了！

为了最后确定是不是我们一直跟踪的那群猴子。22 日，我们一行 5 人冒着雨再次走到观音洞的山梁上。这里很多奇形怪状的岩石裸露在外太久已经被风削掉半截，剩下的也千疮百孔，被各种植物的根包裹着，有银露梅、刺柏，还有难得一见的小叶黄杨木。

依旧是昨天那个位置，我们又听到了猴群的声音。谷底的雾气升了起来，比昨天的雾气还要大。我们尾随猴群跟了一阵，实在无法前行，就退了回去。

根据这两天的情况判断，猴群在观音洞一带可能要停留一段时间，这让我们想起了上次闯入猴群领地，惊动了它们的事情。如果不是那次贸然行动，也许我们计划将猴群招引到大龙潭一带生存的意图就可以实现了。现在，经过几个月的来回折腾后，机会再次出现，而猴子却一个劲地耗在谷底不出来。

23 日，雨水并没有要停止的意思。从六月初的梅雨季节到夏季的连绵暴雨，队员们已经快适应了这种雨天潮湿的天气，抱怨、谩骂、恼怒都无济于事，想抽根烟解解愁，很快都被暴雨浇灭了，既然无法抵抗，我们只能安然地接受目前的现实：雨季迟迟没有结束，而我们跟猴的工作还要继续。

吃过早饭以后，我们 5 人沿公路到达大湾，沿大湾的水沟上行，没有走多长时间，打头阵的老杨就听见猴群的叫声，但因为雾较大又有雨，无法判定猴群的方向。大家继续向上行进，在一处山坡停下来侧耳倾听，确定猴群就在我们斜对面的小山包上，不停地叫着。

那群猴子我们找到了

从未在野外见过猴子的张玉铭干了一件非常愚蠢的事情——他兴奋地爬上了一棵枯死的杨树上，对着猴群大叫一声，吓得我们赶紧制止，但为时已晚，猴群彻底安静了下来，不知是否在折返。

无奈，我们只好来到山包处查找痕迹，发现了猴群的逃离方向，便跟着痕迹来到一片华山松林，但痕迹从此就消失了。就这样，我们从上午十点钟到下午五点钟，一直在华山松林里转来转去，仔细查找，但始终没有理出头绪，找不到猴群的去向。于是，我们进行了认真分析，初步判断猴群逃离只有两个路线：一是由此而上进入螺圈套；二是返回观音洞。

已经是下午四点了，我们决定先回到观音洞附近碰碰运气。

当行至观音洞山坳入口时，果然听见了猴群的叫声。我们快速前进，在一处较窄的草坪里发现了猴群穿越时留下的几条痕迹，继续向前，在观音洞瞭望哨对面的灌木林里发现了猴群。

通过望远镜，我们看到几只公猴已经被浇成落汤鸡了，雨水从它们背上流过，尾巴底下形成一条清晰的水线，它们张着嘴巴，一脸的懊恼，似乎对没完没了的雨季也无可奈何。看样子，对雨天发脾气的不止我们。

根据猴群大小、叫声以及毛色，可以肯定面前的猴群就是我们跟丢长达一个多月的那群猴子。

见到跟丢已久的猴群，队员们忘记了雨季的折磨，沉浸在再次追到猴群的喜悦之中。

2005 年 8 月 24 ~ 27 日　晴

8 月 24 日早上五点钟，我们来到观音洞，此时的猴群刚刚开始活动，我们就在猴群对面的草坪上观察。这是几个月以来，第一次能够在 100 米以内的范围观察猴群。虽然距离只有 100 米，但为了看得更仔细，我们还是借助了望远镜。猴群活动一段时间后，便慢慢地安静下来。但没过多久，它们开始向黄包粑移动，没走多远又返回。一上午它们就这样反反复复地迁移了五六次，才开始进入午休时间。黄天鹏趁机返回大龙潭，准备睡袋和帐篷。

活动后安静下来的猴群

下午两点多，我们留下一人观察，其余的人进入猴群。但刚刚走近，猴群就开始向山顶移动，速度非常快，我们的速度有些跟不上，于是先决定放弃进入猴群。五点多时，猴群又下移到路边，我们再次进入猴群，这次我们很快就跟上了。来到山顶的一处孤立的冷杉林，猴群没有动，不一会儿，不知是什么原因，却接二连三地从很高的冷杉树上跳下，沿地面逃离。

在接下来的两天里，我们连续在观音洞一带守着猴群，看样子猴群已经减少了对我们的警惕之心。为了探清它们下一步的行动方向，27 日吃过午饭，我们沿着低海拔向大垭方向寻找，一行人准备在水沟里喝几口水时，发现沟边的稀泥里有几只猴子经过时留下的脚印。

于是，我们沿着脚印的方向，穿过一片桦树林，在灌木丛里发现了猴群留下的痕迹，全部是在地上行走的。我们顺着地上倒伏的杂草，一路行至大垭，在大垭的草坪上又看见几条猴群沿地行走的痕迹。沿着草坪上的痕迹，我们来到双龙顶，眼前出现了一片冷杉林，在树上也出现了猴群活动过的痕迹。我们继续沿着痕迹跟去，最后在一处不知道名字的小沟里失去了踪迹。看着天色渐晚，我们返回了大龙潭。

在大龙潭，正当我们洗脸准备休息的时候，奇迹发生了。不远处，竟然传来了金丝猴的“问候”。我们赶紧循声而去，果然发现猴群已迁至大龙潭。看着这群正在采食的金丝猴，我们高兴地大叫起来：“我们成功了！我们成功了！”

晚上，我们打电话给局长廖明尧报告这一惊人喜讯。主持此项工作的廖明尧局长在听到猴群回到大龙潭后，非常高兴，并指示大家随后可以展开我们此次寻找金丝猴的中心工作——进入它们的部落。

正在采食的金丝猴

大龙潭

2005年8月28日～10月22日

临近夏末，热潮尚未褪去，华山松开始结满果实，猴群进入了我们的生活圈——大龙潭，听起来让人不可思议，但它真实地发生了。

在接下来长达2个月的时间里，我们跟踪的那群猴子一直生活在大龙潭监测点周围，这是我们始料未及的。也许是人为的干扰限制了它们的迁徙，不过，追究原因已经变得毫无意义。这次机会可以让我们多次走入它们的领地，尝试被接纳。

对于长期在野外从事跟踪、研究川金丝猴的科考人员来说，进入猴群的领地，并与它们和平共处，很像天方夜谭。

在长达4个月的跟猴经历中，我们也明白，想要与金丝猴做朋友，还需要更长的时间与它们朝夕相处。不过，只要猴子停留在大龙潭，我们就有足够的时间与它们周旋。

大龙潭的猴子活动区包括一条河流，一座面积很大的冷杉林，冷杉林的下方是龙鳞沟，它延伸到通往观音洞的废弃公路上。

猴子长期在此栖息，白天它们在短槽、三岔沟一带活动，晚上就会回到冷杉林睡觉。

要想沿着龙鳞沟爬到山顶却很困难，因为沟的两边长满了荨麻科的植物与冷水花，巨大的橐吾遮挡了沟底的岩石，人很容易摔倒或者被荨

晚上回冷杉林睡觉

大龙潭

麻蜇伤。

大龙潭周围的山脊都很平缓，虽然与螺圈套大峡谷只隔着几道梁子，但地形缓和很多，时常出现大片的开阔地，与这些开阔地相连的是延伸下来的河谷，山脊从下至上，生长着山杨、红桦、华山松、日本落叶松或者巴山冷杉，森林的形态基本按照自然的海拔分布顺序。

在这些看起来规整的森林里，时常出现野兽的身影，从山谷中取下的红外摄像机可以拍到夜晚从大龙潭周围的山脉中穿过的野猪、小鹿。我们在冷杉林一带与猴群周旋时，经常会碰到顶着巨大叉角的梅花鹿，每次相遇都是一种惊艳之旅。

2005年8月28～31日　晴

长久以来，我们早出晚归，很少注意到大龙潭附近生活的鸟类如此之多，就在我们每日休息的几排老房子，也被作了鸟窝。从附近山杨林中飞出的乌鸦、溪流边生活着的几只红尾水鸲、有时候几只大山雀夹杂在一群绿背山雀的群体中，飞过屋前的几颗人工种植的杜鹃树，在溪流边的杂草丛中觅食。

8月28日，我们从一片鸟声中起来。黄天鹏到前面的河流取水，几只长时间生活在此的红嘴蓝鹊跟着他，慢慢走入屋前的空地，在我们倒掉的垃圾中找吃的。

七点多，我们吃完早饭，顺着前往观音洞的废弃公路没走几步，就听到猴子的声音从监测点前面的冷杉林传来。清晨的太阳已经显示夏天的火辣，因为逆光，我们只能在望远镜里看到一个个黑点。

观察了一天，猴群最后移动到龙头岭休息。

29 日，我们在龙鳞沟找到猴群，当时只见树枝摇晃得厉害。听声音，似乎是两只公猴在打架，双方势均力敌，在几颗红桦树上翻来覆去，打得难解难分。最后，在一片鬼哭狼嚎之后，一只年轻的公猴落败了，跳到很远的一棵树上，接受惩罚。

在接下来的几天内，猴群一直停留在冷杉林附近，上下移动。盛夏之际，周围的山谷为它们提供了丰足的食物，想喝水，三岔沟与龙鳞沟都近在眼前。

那些生长在山顶的冷杉林，已经超过 200 年，树围需要 3 个人才能抱得过来，猴子依偎在粗壮而长满地衣的树枝上，就像孩子躺在妈妈怀里。

事实上，猴群常年在森林中迁徙，对大型乔木的生长是有好处的。它们可以吃掉长在树皮表面的寄生地衣，也可以撇断本已经枯萎的树枝，就像一位称职的园丁，清扫森林里的枯枝烂叶。

8 月 30 日，猴群稍微从冷杉林移动到面坡淌，在一片桦树林中停了下来。中午，猴群开始休息。下午两点钟，我们也在路边休息，大家不知不觉都睡着了。

朦朦胧胧地听见有猴群在林间活动的声音，醒来时看见有猴群在向我们靠近，最近的不足 20 米。我们悄悄躲在树后面，不一会就看见一只大公猴走上来。当我们正在仔细观察这只大公猴时，突然从下面树上跳来一只小猴，它看见我们之后就开始报警，后面的猴群听见叫声，

小猴

母猴给小猴理毛

劈劈啪啪地就顺地逃走。

看着在地上快速奔跑的猴群，才知道前段时间猴群被我们惊扰时，是如何逃离的。按照动物学家的解释，金丝猴的遁地行为是为了躲避金雕从天上的攻击而采取的策略，也是它们为了逃命的无奈之举。

面对两只脚的人类，它们为什么会选择遁地呢？队员们一直也想不通，只是每次尝试闯入它们的领地时，得到的结果都是满地猴蹿。这也间接体现了猴子在长期迁徙中选择固定路线的优势：如果不小心，有猴子在逃跑中偏离猴群，可以在最短的时间内找到自己的队伍。

8月31日上午十点，我们到达冷杉林。此时，猴群已开始活动，大部分在冷杉林下的一些低矮的树上采食。我们找到一棵粗大的冷杉树，躲在后面，只能看见几只金丝猴在采食花楸，而对于其余的猴却只能听见声音。在一棵高达30米的冷杉树上，几只母猴围坐在一起，正在给几只小猴理毛。小猴看见我们，就躺在母猴的怀里开始报警，但其他的猴和母猴都没有在意。

我们拿出相机准备拍照，但相机的快门声很快引起了猴群的注意。紧接着，几只母猴也开始报警，并迅速从我们身边逃走，而公猴则张着血盆大嘴，从我们头顶泰然自若地经过。我们害怕再次惊扰到猴群，便退到冷杉林下面，静静地听着猴群的叫声。虽然刚才惊到猴群，但它们并没有走多远，依然在那里寻找树叶和云雾草吃。

天气依然燥热，我们甚至开始怀念糟糕透顶的6月雨季，至少不会被强烈的阳光晒得皮肤紫黑。一天下来，尤其是在高海拔地区，我们的脖子、手臂等裸露在外的部分都晒伤了，晚上洗澡的时候，明显感觉到火辣辣的疼。经过一个月的暴晒之后，大家的皮肤有点死猪不怕开水烫的感觉，但不断凝结的汗水让放在眼前的望远镜都沾满了汗渍。

2005 年 9 月 1 ～ 5 日　晴间雨

多日来天气一直干燥，9 月 1 日终于下了一场小雨，虽然对持续燥热的天气毫无帮助，但是一个凉爽的上午，还是让我们心情不错。

早上，我们去了冷杉林，但没有发现猴群。经过一番搜寻后，我们发现了猴群痕迹，并可判断它们已绕至小龙潭方向。我们便从小龙潭上行，到山顶后却发现，猴群依然还在冷杉林里，只是上移到海拔更高的地方。刘强和黄天鹏看到的大概是昨天的痕迹。

间晴间雨的天气一直维持到 9 月 4 日。这两天，我们的目标还是在冷杉林。猴群似乎也很欣慰有场大雨可以给它们降降暑，虽然大部分猴子的毛发都淋湿了，但它们显得很有活力。几只母猴费力地抓住爱玩的幼猴，它们在各自的母亲怀里打闹，还不时发出撒娇的声音。

这几只幼猴的年龄还没有超过一岁，身上的毛发尚未变黄，应该是今年出生的那几只婴猴，看来，我们跟踪的猴群群体又要壮大了。不过迎接这几只年龄幼小猴子的还有一个漫长的冬季，度过这个寒冷的冬天，它们活下来的几率就会更大了。

9 月 5 日，一场大雾突然袭来，冷杉林的山顶根本看不见。我们顺着声音，跟猴子移动到三岔沟一带，猝不及防地钻入了猴子的领地，几只小猴甚至就从我们身边跳过，一片“唔噶、噫”的报警、惊慌声。看样子，猴群还是没有接受我们。为了防止猴子跑远，我们撤回废弃公路。

回到营地时，廖明尧局长早已在宿营地等我们。虽然是 9 月，大龙潭的天气在夜晚已经很寒冷了，局长专门为我们送了几床厚被子上来，另外还有辣椒与腊肉。队员们好几天没蘸腥了，馋得刘强口水直往外跑。

谈到金丝猴日后的工作，廖局长语重心长地说，能否与金丝猴建立长久关系，就看这次在大龙潭的努力了，我们现在具备了与野生金丝猴接触的绝佳条件，下一步的措施是进行食物补充行动，让猴子安全度过即将到来的漫漫冬季。说到这一点，所长杨敬元向廖局长保证，与金丝猴朝夕相处的日子可能很快就要到了。

2005年9月6日　晴

今早起床后，我们到景区公路查看，在大龙潭入口的山梁上，发现了猴群。此时猴群还没有开始活动，隐约看见一棵华山松上有小猴在跳，由于距离太远听不到叫声，便留下一人在此观察，其余人返回大龙潭准备早饭。吃过饭以后，我们沿着监测站背后的山梁上行，在一片箭竹林里停下。此时，我们已基本进入猴群范围，但是我们藏得隐蔽，也没有走动，金丝猴即便看见了我们，也没有发出警报，仍然悠闲地吃着树叶。

中午猴群休息后，我们也返回大龙潭吃午饭。下午，在监测站对面观察猴群。三点多时，猴群下至河边，沿着河边的树林向前移动，走走停停。它们看见我们在河边尾随，

悠闲地吃树叶

也没有再报警或逃离。

下午，得知猴群已经出现在我们居住区，局长廖明尧又赶上山来，亲自用望远镜视察猴群领地，队员们兴奋地讲述8月末猴群突然出现在大龙潭的事情，一直认为这次是与猴群建立信任的好时机。

2005年9月7日　晴

猴群昨晚就在我们房屋背后的山梁休息，一早起来，便听见猴群的打闹声。吃完饭，我们在三岔沟的沟底等着猴群。九点多时，猴群沿着一片华山松林向下移动，一边走一边将华山松上的松果摘来，坐在树上，跟嗑瓜子一样吃着，整个林间只听见它们吃松子的声音。十一点多，猴群下至三岔沟谷底，在一片灌木丛里休息，也有一些待在后面的华山松上面。

下午，太阳从对面山坡照射过来，金丝猴的金色毛发异常光鲜，亮闪闪的，非常刺眼。当晚猴群就在半山腰休息过夜。

2005年9月8日　晴

早上起来，在院子里就能看见猴群在半山腰的冷杉林里活动，有些还在树上休息，一些大公猴成群结队，沿着几棵高大的桦树向前跳跃，后面的猴子，喧哗声一片。我们坐在院子里边吃饭边观察猴群。九点多时，猴群沿着河边向龙鳞沟移动，于是我们来到公路上观察。在一处滑坡的地点，我们将一块很大的石头丢下河边，想故意惊扰它们，但它们也只是看着我们这边，没有逃离的意思，只有几只母猴在那里不停报警，并带着小猴急忙跳到高处去。

猴群边吃树叶边移动，翻过龙鳞沟后，在短槽停下，开始午休。下午，猴群沿着短槽向上移动，又返回冷杉林。

跳跃

2005 年 9 月 9 日　晴

吃过早饭后，我们直接来到面坡淌，在公路上观察短槽和冷杉林里的动静，没有发现猴群，在望远镜里也没有发现猴群活动的迹象。我们沿着公路下至河底，正准备从面坡淌上至冷杉林时，发现猴群已经移动至面坡淌的山梁上。我们便退了回来，在沟底观察。猴群顺着面坡淌的山梁向下移动。由于早上阳光太强，我们只能看见猴群在树上跳来跳去，但不能看清楚它们在干什么。我们继续退回到公路上，用望远镜观察。猴群大概是看见了公路上的我们，便也退了回去，停在面坡淌和短槽之间的山腰休息。下午三点多，猴群开始活动，又沿着短槽向上移动，可能准备返回冷杉林里休息。

2005 年 9 月 10 日　晴

早上，我们沿短槽而上，刘强和张玉铭先到面坡淌查看情况，按照计划，他们如没有发现猴群，就去找姚辉他们汇合。

两人在面坡淌观察了 1 个多小时，也没有发现猴群活动的迹象。此时姚辉已上至冷杉林，同样也没有发现猴群。两组在互相通报情况后，决定派刘强和张玉铭沿龙鳞沟上行，看是否能够找到猴群。十一点多，姚辉一组在冷杉林下方的一处斜梁上发现猴群，便通知刘强他们前来汇合。大概由于今天的人员太多，猴群一点多钟就开始活动，向冷杉林慢慢行进。我们跟在后面，路越来越难走，一片片的箭竹林夹杂着一些小刺，一伸手就被刺到，每人都被刺得遍体鳞伤。

2005 年 9 月 11 日　晴

吃完饭后，我们沿着三岔沟右边的山梁上行，上至和冷杉林相同的海拔观察。而此时的猴群正沿着下面的斜坡移至龙头岭，顺着山岭下行，一边走一边吃。九月的神农架，树叶开始逐渐变黄，周围的风景别有一番看头，猴群却依然吃着这些发黄的树叶。海棠树和花楸树的果子，则是它们更爱的食物，一把一把地放进嘴里。强势一点的猴子，直接盘踞在树上，宣告这是自己的大餐，不让别的猴子靠近。几只弱一点公猴只能眼巴巴地看着树上的猴群采食，自己伏在一些石头上，扒开苔藓，不知找到了什么东西，放进嘴里嚼个不停。

强势者独占其树

眼巴巴地看着强势者

2005年9月12日　晴

今天早起后，我们在院子里用望远镜观察龙头岭山头，没有发现动静，大概是猴群还没有开始活动。等我们吃完早饭，准备上山时，猴群出现了，并开始由龙头岭向下移动。由于在望远镜里看得非常清楚，我们便将背包放下，在公路上找到一处开阔地，继续用望远镜观察猴群。

大家轮换着观察记录，直到中午十二点，猴群下至沟底，在三岔沟边上的一处冷杉林里休息。下午，猴群醒来，我们绕道从冷杉林上面走进猴群，一些金丝猴看见后，就开始报警，但整个猴群没有动。我们因是试探性地进入猴群，所以看见猴群报警，就没有再继续向前。一些金丝猴看见我们只是坐在那里，并没有进一步的动作，就停止了报警。

过了1个小时，猴群开始移动，我们也没有继续跟进，等到猴群离开后，我们返回。

2005年9月13日　晴

前一段时间，我们每次跟踪猴群都要隔着一定的距离，因为怕猴群受到惊扰而逃离后，我们更加难以尾随。但通过昨天的试验来看，猴群的警惕程度有所下降，或许它们发现我们并没有伤害它们的意思。所以，我们决定在今后的一段时间里，逐步接近并进入猴群当中，使其进一步降低警惕性，接纳我们。

今天，猴群沿着大龙潭的河边向前移动。吃过早饭，大家便来到河边，在冷杉林里躲着观察一会，但还是有点担心，便退了回去，在公路上的制高点观察，不敢再靠近河边。这毕竟是猴群第一次在我们的生活区域内活动，应该尽可能让它们感觉安全。

中午，猴群在河边的一处冷杉林和几棵大杨树上休息。我们可以清楚地看见，猴群由几个家庭组成，每一棵树上都有大大小小十几个成员。强势一点的家庭没有聚集在一棵树上休息，而是同时占据几棵树，当其他的大公猴靠近时，就会有一只公猴跳过来，跟它的家庭成员待在一起，可能是想阻止其他猴子侵犯自己的领地。

家庭成员一起休息

猴群休息至下午两点多，开始从河边往上移动，我们没有跟着进入林子，而是继续在公路边上观察。晚上猴群在离山顶大概还有几百米的地方休息。

2005 年 9 月 14 日　晴

已经有段时间没看到廖局长上山了，这不，在得知猴群回到大龙潭后，有时间廖明尧局长就开着吉普车为大家送装备，补充食物，并亲自上山查看猴群生活。

一早起床后，只有几只大公猴坐在半山腰的华山松树上吃松果，大部队还没有开始活动。我们便返回准备早饭。吃饭的时候，在院子里就能看见猴群沿着屋后的山梁向前移动，移动的速度很慢。

廖局长掏出望远镜仔细观察：一只小猴跑到河边喝水，趴在地上，努力地伸着脖子，无奈脖子太短，使多大劲也够不着水面，眼看快要掉进水里，这时后面又来了一只小猴，使坏地撞了一下它的屁股，这只可怜的小猴，就真的一头栽进了水里。湿漉漉的小猴从水里出来以后，竟然辨别不清方向了，朝着我们的方向跑来，可能边跑边看见了我们，突然又掉头，跳进水里，扑腾几下就跳了过去，逃进树林，再也不见了踪影。看到这一幕，

抱在一起

廖局长也被逗乐了。

中午猴群就在监测站后山上不远的地方休息，我们也没有打扰它们，远远地看着，但林子太密，只能看见华山松上的几只猴抱在一起，时不时地互相整理毛发。小猴则躺在猴妈妈的怀里，四脚朝天，猴妈妈低着头，在它身上不停地舔着，不知道它舔的是不是小猴毛发里的盐粒。下午猴群迁移至山顶，晚上六点多开始休息。

2005年9月15日 雨

吃完早饭后，我们先到监测站用望远镜四处搜寻，发现猴群就在山顶，没有活动。因为雨大，猴群都躲在华山松和冷杉树上避雨，时而会听见猴群的叫声。我们并没有上山去靠近它们，而是从远处追随。下午三点多，猴群顺着山顶向小龙潭方向移动。远处开始飘来大雾，不一会便将山顶笼罩。一到下雨天，九月的大龙潭就变得非常寒冷，大家在雨中等了一会儿，再也没听到猴群的声音，便回去了。

2005年9月16日 雨

大雨依然下着。昨天在山下便可以看见猴群活动，今天我们沿途找了好一阵儿，却都没有看见猴群的踪迹，便从监测站后面上山，到达昨天猴群活动的地方，又继续前行了一截。果然，猴群正在向小龙潭方向移动，进入到一片华山松林里。此时猴群可以听见下面公路上的汽车声，但它们都在专心致志地采食松果，没有理会，整座林子，于是只剩下金丝猴磕松子时发出的声音。我们没有继续向前靠近，只是在树林边留意猴群的动静，因为雨大，1 个多小时后便返回了。

2005 年 9 月 17 日　阴

今天我们从龙鳞沟上山，在双龙岭的冷杉林下方仔细听了一会儿，便有猴群的叫声从短槽上方传来，于是我们慢慢向短槽靠近。当走到短槽的时候，猴群又绕道跑进了冷杉林，我们只好停留在短槽，认真识别猴群的声音。过了 1 个多小时，我们再度向冷杉林靠近，可猴群听见了我们走路时的声响，便向前移动了一截。我们再向猴群靠近时，猴群又继续向前移动。就这样一个下午，我们向前走一截，猴群也向前移一截，和我们始终保持一百到两百米的距离。

2005 年 9 月 18 日　晴

今天早起后，我们直接到了冷杉林，并在那里发现了猴群，它们正向监测站方向移动。我们站在林下的箭竹丛中，动作很轻，猴群往前移动一段，我们就在后面跟进一截，始终与它们保持一定的距离，尽量减少在竹林里发出声音。猴群依然走走停停，越过龙头岭时，已是中午十二点，它们却丝毫没有停下来休息的样子。看着猴群已越过龙头岭，我们便停了下来，找到一处草坪，吃午饭、休息。这时猴群也开始变得安静，偶尔可以听见几声小猴撒娇的声音。下午四点钟，猴群开始活动，沿着龙头岭向三岔沟中间山梁移去，我们没有继续尾随猴群。当我们绕过龙头岭，顺着山梁下到三岔沟沟底时，听见猴群也已到达中间山梁，开始准备休息。

幼年猴采食树叶

2005年9月19日　晴

今天的运气真好，早上起来，我们就直接从院子里看见了猴群，它们正沿着三岔沟中间的山梁向上移动。吃过早饭，我们顺着三岔沟左边山梁上行，在一处豁口发现猴群正在采食。从林间的空隙看去，一些小猴聚集在一起，在箭竹林里相互追赶，头顶的松树上，几只母猴正探出身体采摘松果。它们试探性地将脚伸出，把已成熟的松果枝条拉过来，再用嘴将松果折断，然后坐在那里，手脚并用，将松果撕开，一颗一颗掰开后放进嘴里,动作娴熟、老道。一只岁数较大的母猴,待在边上伸手去抢已经撕开的松果，引来几只母猴的攻击，拿着松果追赶一阵后停下，相互抱在一起呜咽，然后又开始坐在树上继续撕扯。持续观察了一会，只见猴群慢慢地越过了豁口，躲进了华山松林，直到晚上也没再出来。

2005年9月20日　晴

今天我们来到了金猴岭路口，在那里用望远镜观察对面的情况，只见华山松林里静悄悄的，没有任何动静。我们又沿着金猴岭的公路走了一截，在一片冷杉林里，看见几只猴正从一棵冷杉树上往下跳去。弄清猴群的动向后，我们把情况通知给了正准备上山的刘强和老杨。两队汇合以后，大家一起在一处悬崖边静静地等待猴群。

十一点多，走在最前面的几只大公猴，跳到了我们下方的冷杉树上。老杨故意弄出一些响动，几只公猴并没有理会我们，而是坐在那里，继续享用树上的云雾草，专心致志，连头也不回一下。不一会儿，后面的猴子陆陆续续赶到，停下来准备休息。等到猴群逐渐安静后，我们找到一棵枯死的冷杉，大家抬着它，从悬崖上方扔了下去，只听见一阵轰轰隆隆的声响。原本以为猴群会受惊逃走，但也只是听见一阵急切的报警声，之后便又安静下来继续休息。

长满云雾草的冷杉

2005 年 9 月 21 日　晴

早上顺着监测站屋后的山梁上行，发现猴群中的大部分停留在一片杨树林里，有些在低矮的樱桃树上吃着变黄的快要凋落的树叶，公猴一边吃一边发出低沉的呜咽声。在不远处的华山松上，小猴抱着一个吃过的松果放在嘴里撕咬，不时地翻转着玩要，引来其他小猴的抢夺。太阳逐渐照射过来，突然，一片金灿灿的颜色快速晃过我们的头顶，抬头的时候，树上的灰尘掉落下来，我们一时睁不开眼睛，等恢复过来的时候，那只毛发闪耀的猴子，已经离我们远去了。原来是猴群准备活动了，几只公猴催促着大家。不一会儿，所有猴群开始向下活动，我们顺着猴群的移动方向走了一段，然后退回到监测站，在对面的山坡上观察。

中午，猴群开始在半山腰休息。下午三点多，它们继续向着水潭方向往下移动，最后在水潭的冷杉林里过夜。

2005 年 9 月 22 日　晴

一早起床刷牙的时候，林子里就传来猴群的叫声，一阵接着一阵。我们以为猴群开始活动了，便穿过冷杉林向猴群休息的地方靠近，躲在河边的几棵冷杉树后面观察，发现猴群依然待在那里，并没有移动，只是听见小猴不停地报警。大家相互看看，感到疑惑，因为我们并没有暴露自己。这时，从猴群栖息的林下，走出一只梅花鹿来，几只小猴在树上跟着梅花鹿，一边走一边发出警报，几只母猴抱着小猴朝下方望着，也不时地发出警报。直到梅花鹿走出猴群，叫声才停了下来。几只小猴又跳回到冷杉林里，而猴群此时也安静下来继续休息。

八点多时，猴群开始向监测站后山移动。到了一处山脊，猴群的速度开始减慢，只有几只猴停在华山松上吃松果，其他大部分不知在地上寻找什么美味，直到中午休息的时候，才慢慢地爬上树。

2005 年 9 月 23 日　雨

早上穿着雨衣到监测站的山坡上观察，看见猴群在雨中慢慢地向上移动。而在一棵高大的云杉上，十几只猴“稳坐钓鱼台”，看着猴群陆陆续续地超过它们，却依然没有移动的意思，仍然低着头，互相抱在一起。旁边的小猴使劲地往几只母猴中间挤去，一只母猴被挤开，快速地跳到另一根树枝上。其中的一只母猴便开始作威，与其他的几只母猴你追我赶，弄得四周树枝摇动，最后各自散去，重新寻找各自的枝头。走在前面的猴群，也许是注意到云杉树上的那些猴子并没有走的意思，也慢慢地停了下来。直到下午五点多，云杉上仍然还有几只猴，但已经不是早上的那一群，它们已经返回到一棵歪脖树那里，躲在冷杉林里休息，直至晚上。

2005年9月24日　雨

今天的雨依然很大，而且大雾弥漫，笼罩四周，根本看不见远处的山梁，监测站后山也是一样，基本没有能见度。猴群已离开昨晚休息的地方，走出很远了，雨中只能模糊地看见几只猴在树间跳动，不一会便消失在雾中。我们继续观察了一段时间，为了弄清猴群的迁移方向，姚辉独自一人上山，在查清猴群的移动方向后返回。

2005年9月25日　晴

早晨，我们沿着屋后的山梁上行，行至山顶，再沿着山脊向监测站方向寻找。大家走走停停，仔细观察山脊两边，可以隐约听见金猴岭传来的汽车鸣笛声。我们准备穿过一片箭竹林，到前面的悬崖处查看，走到一半的时候，听见前面树林里传来一阵树枝的摇动声，大概是猴群听到了我们在箭竹林里行走时发出的声响，受到了惊扰。我们立即停在原地，耐心地侧耳倾听。20多分钟后，一阵唧唧哇哇的声音从我们前方几十米的地方传来。大家慢慢地走出箭竹林，蹲在地上，从林间望去，看见3只大公猴带着几只小猴背对着我们，正津津有味地吃着树叶。我们不忍打扰，继续在原地观察。不一会，前面走来一群带着小猴的母猴，看见大公猴便停了下来。它们有的坐到树上，有的坐到高一点的石头山上，有的坐在地上不时向后面张望，还发出“噫”的叫声，还有几只母猴坐在一起相互拥抱并呜咽。这时，一只个体更大的公猴从远处的树林当中腾跃而来，冲着刚才那几只吃树叶的公猴，狠狠地瞪了一眼，吓得它们抱头鼠窜。这只

母猴带着小猴坐在树上

大公猴来到几只母猴身边，抱着其中一只母猴，不停地亲吻背部，其他母猴则在旁边，唧唧哇哇地叫起来。看着猴群向我们靠近，为了不惊扰它们，我们只好走开，沿着山脊左侧向下走了几百米，等待猴群慢慢地从我们头顶迁移开去。

2005 年 9 月 26 日　晴

十点多钟，我们在三岔沟山顶的豁口发现猴群，它们正沿着小龙潭一边的华山松林向豁口移动。我们站在豁口处“守株待兔”。快到中午十二点时，猴群依然在豁口下方的华山松林里。此刻已经是午休时间，开头还能看见几只猴在跳动，半个小时后，猴群彻底安静下来，仅在几棵枝叶稀疏的松树上看见一两只猴的背影。

下午两点多，猴群正准备继续向豁口移动，远方却传来几声类似狗叫的声音，而猴群也跟着叫了起来，并且声音都比较大，此起彼伏。顺着声音的方向往远处看去，原来在金猴岭的方向出现了另外一群金丝猴，两个猴群隔着公路，用叫声相互传递消息。对面的猴群也一边叫一边顺着山梁向上迁移，直至最后消失在彼此的视野中了，两边的叫声才渐渐平息。此时，我们追踪的猴群也已到达豁口。

2005 年 9 月 27 日　晴

早上从公路上查看三岔沟的中间山梁，我们看见猴群就待在山梁上的几棵桦树上。七点，没有活动的迹象，接近八点时，猴群才开始慢慢向下移动，我们也紧随它们的步伐，开始了一天的行程。

我们行至三岔沟时，有些猴就已经在沟底了。而走在前面的张玉铭只顾低头走路，完全没有留意到杨树上的几只大公猴。我们非常担心他会惊扰到猴子，但几只公猴看见我们后并没有跳走，只是大声报警，后面的猴群听到报警声便停了下来。见此情形，我们迅速退了回来，不一会儿，猴群就再也没有声音。又继续等了 40 多分钟，依然没有听到猴群的动静。大家害怕猴群从地面逃走，就派老杨一个人悄悄靠近猴群查看情况。

老杨进入猴群看了一眼，就退了出来。原来我们的担心是多余的，猴群正集体趴在地上，专注地吃着凤仙花。于是我们又耐心地等了 2 个小时，直到猴群开始一边叫一边顺着山梁上行，它们又准备回到冷杉林里。

2005 年 9 月 28 日　晴

早上大家沿着龙鳞沟行进，到达冷杉林时已是十一点多，猴群还没有休息，大多都还在冷杉林里寻找食物。我们慢慢地靠近猴群，在离它们只有几十米的地方停了下来。顺着林间的空隙看去，我们发现几只小猴正趴在一棵枯树桩上翻捣苔藓和枯树皮，看样子这棵枯树已经被大猴翻食一空，只是被几只小猴当作玩具在玩。这时，从不远处走来 4 只大公猴，冲着几只小猴张张嘴，其中一只公猴，拽着一只小猴的尾巴把它拖到跟前，抱在怀里，然后又提着小猴的尾巴抱到嘴边亲吻，接着扭过头来，摇晃着脑袋，对着其他小猴张张嘴。余下的 3 只公猴刚要将枯树桩里找到的食物放进嘴里时，从一棵冷杉树上跳下来一只公猴，直接将其中的一只抓住，凶神恶煞。见到这种情形，另外两只公猴在一边急切地叫唤起来，好在它们在一分钟内就结束了战斗，那只凶猛的大公猴又重新回到冷杉树上，另外几只赶紧逃走，不知所踪。

2005 年 9 月 29 日　晴

今天，杨敬文带着我们沿废弃公路行至面坡淌，再由面坡淌山脊上行，抵达冷杉林。我们在冷杉林里搜寻一阵，没有发现猴群，再往前行进了一截，听见从我们下方传来猴群的叫声。我们顺着叫声向下行进，路越来越难走，终于到一处比较开阔的地方停了下来，看见猴群沿着龙鳞沟的半山腰向公路移动。在途经一片已经死亡的杨树林时，几只大公猴飞快地在杨树的枯枝之间腾跃，枯枝被折断的“咔嚓”声响彻山谷。

后面的猴群沿着这片杨树林的边缘移动，我们也加快速度，从短槽的山梁超越了

树间跳跃

猴群，来到公路上。此时，我们距离猴群不足200米，可以清楚地看见它们正井然有序地在大树之间攀爬、移动，最后停在龙头岭的山腰间休息。

2005年9月30日　晴

吃过早饭，我们来到龙头岭对面的公路上，看见猴群正由龙头岭的半山腰向龙鳞沟移动。在一棵三十几米高的冷杉树上，一只公猴带着七八只母猴坐在那里，顽皮的小猴们，则不停地上蹿下跳，来回追赶。这些小伙伴不断聚集，越来越多，最后差不多有20只小猴聚集在了一起。

十点多，我们观察到一只公猴慢慢悠悠地爬上了一棵冷杉树，原来盘踞在树上的大公猴马上看见了它，以迅雷不及掩耳之势冲下树来，两只猴快速撕扯扭打在一起。可见公猴在保卫自己的领地和家庭成员时，素质过硬，毫不留情。公猴留在树上的妻妾们这时叫声一片，一些母猴抱着小猴快速爬到树顶。下面的公猴越打越勇，但不多会儿，原本树上的母猴都跳到别处去了，公猴见妻妾纷纷离去，也跟着结束了战斗，重新找到一棵较矮的桦树安顿下来，继续享受起天伦之乐来。

下午，猴群迁移至短槽的半山腰，边走边吃。我们就在路边找了一个开阔的地方，边休息边观察猴群。

2005 年 10 月 1 日　雨

从早上到晚上，今天的雨淅沥沥地下了一整天。猴群在短槽的山梁上匆匆采食过后，就回到树上休息，一动不动。我们在雨中守候，观察猴群的移动方向。下午它们采完食后，便沿着短槽的山梁上行，大概又回到冷杉林里休息去了。

2005 年 10 月 2 日　阴

今天我们沿着龙鳞沟上行，到达冷杉林下方一望，一片浓雾笼罩了整个山头，只能听见猴群渐行渐远的嘶叫声。十一点多，它们的脚步停了下来，叫声也停了下来，大概采完了食，到了午休时间。我们走出箭竹林里，一边故意发出响动，一边向猴群靠近，想引起猴群的注意。开始时猴群不予理睬，当我们距离猴群大概只有 100 多米的时候，最近的母猴才发出警报，大家连忙停住了脚步，蹲在地上。几十米外的一棵花楸树上，坐着那一只母猴，它往我们这边又看了几眼，确认安全过后，继续埋头休息去了。我们在原地蹲了一会儿，见猴群的反应不是很大，就悄悄地继续向前靠近，并尽量减少动静，以防再次惊扰它们。

距离刚才那只母猴 20 多米时，它再次发现了我们，并开始报警，同时跳到一棵较高的冷杉树上。这时，报警声如同四面楚歌，并有猴开始在冷杉之间快速跳跃。见此情形，我们只好后退了一些，猴群这才安静下来。

我们继续观察，但冷杉树太高，无法看到猴群的活动情况，只能偶尔看见树枝晃动，就这样一直持续到下午五点多。

2005年10月3日　阴

通过近段日子以来的跟踪和观察，我们发现猴群一直在大龙潭附近频繁活动。经商量，我们对下一步的研究内容也做了相应的调整：除了每天对猴群进行跟踪观察，记录它们的生活习性以外，还要对猴群在大龙潭的迁移范围、线路及其小环境进行细致的调查，并且对猴群经过的山梁、河流、沟槽都进行详细记录、命名，同时尝试接近猴群，开始收集金丝猴的影视资料。

今天，四处依然被雾云笼罩，能见度不高。我们到达冷杉林时，四处静悄悄的，连鸟叫的声音都没有，大家只好静静地在林子里守候着。中午十二点多，终于听见几只幼猴的嘶鸣。我们边听边找，从幼猴发出的叫声可以判断，猴群没有太大的移动，只是从昨天的位置向前行进了几百米，但因为雾大，我们仍然见不到猴群，我们也不敢更进一步接近它们，担心猴群一旦受到惊扰，就很有可能四散逃离，让我们更加无法辨别去向。

所以我们只能远远地跟在猴群的后面，追随猴群的声音前行，直到晚上，我们仍然一只猴都没有看见。

2005年10月4日　雨

今早又下起了大雨，我们分组上山查看猴群的活动情况。早上在龙头岭的一处悬崖跟前发现猴群，金丝猴们三三两两地抱在一起，躲在树上避雨，就连一向喜欢打闹的小猴们也都安静下来，偶尔嘶鸣几声。大家分组在雨中守候，直到中午，猴群依然没有活动。大雾从观音洞飘过来，渐渐地将猴群笼罩，一会儿便失去了踪迹。整个一下午，我们又只能凭借猴群的叫声来判别它们的方向。

2005 年 10 月 5 日　雨

雨还在下着，大家的心情都很郁闷，金丝猴们也好像没了脾气，原本还会偶尔叫几声，今天也变得老实、沉默起来。在三岔沟沟底，我们都快要进入到猴群中间了，它们也没有报警，只是乖乖地躲在枝叶茂密的树杈上休息。一只大公猴歪着脑袋瞟了我们一眼，又继续低下头去。我们也退了回来，找到一处岩石，躲在那里避雨。每隔一段时间，我们就悄悄地摸过去看一下猴群的情况。下午四点多，猴群才开始活动，慢慢地向三岔沟的中间山梁迁移。

2005 年 10 月 6 日　阴

雨终于停了，大家都松了一口气。两天来大家在山上挨饿受冻，像瞎子一样跟在猴群的后面，既盲目又辛苦。

早上，我们在三岔沟的中间山梁上发现了猴群。大概是没再下雨的缘故，金丝猴的心情也看上去好转了，它们欢叫着，不管不顾地上的雨水，便在一片杂草和小型灌丛下方急切地寻找食物。我们在高处，能够看见遍地都是金丝猴，一家一户聚集在一起，边吃边叫唤。不大一会儿，原本漂亮的金丝猴，都变成了脏兮兮的泥猴，但也煞是可爱。

中午十二点多，猴群慢慢爬上枝桠，开始休息。两点多，猴群开始大叫，林间的几只公猴催促猴群开始移动。这时远处又飘来浓雾，我们无法继续观察，只能倾听猴群移动的声音。

遍地金丝猴

2005年10月7日　晴

十月的大龙潭，漫山遍野，五彩缤纷，各种阔叶树种慢慢变黄、变红，呈现出漂亮的层次来。但一场大雨下来，色彩斑斓的树叶被打落，一层一层地铺在地上，原本少得可怜的金丝猴食物，现在是越发地少了。

我们在三岔沟山脊的豁口发现猴群的时候，它们正在一片华山松林里找寻着松果。几棵华山松上的猴，拿着干枯的松果，慢慢将松子抠出来，放进嘴里。在这个季节里，松果变脆了，有的已经开口，很容易掰开，金丝猴只需轻轻咬住，用手一拉，很容易就可以将松果撕开。但有些松果被晒裂以后，大部分松子都掉落了，一个松果里的松子寥寥无几。猴子们从一棵树上窜到另一棵树上，不停地寻找松果。中午休息时，几只金丝猴好像还没吃饱肚子，仍然在四处寻找松果，真是难为了这些猴子们。

2005年10月8日　晴

我们九点多钟找到了猴群，它们正在一片冷杉林里懒洋洋地晒太阳。原本计划今天到猴群里面去一次，看看猴群的反应，但猴群待的地方地势太陡，四周又都是悬崖，便打消了这个念头。我们找到一处距离猴群不远的悬崖，挤在一起，也躺下来悠闲地晒起了太阳，享受神农架无限惬意的环境。这是几个月来的第一次，也是难得的一次放松。

下午，猴群慢慢移动到监测站屋后的山顶，在地上啃食一些低矮的灌木。从林间望去，只有几只公猴在几棵较大的桦树上待着，不时地向四处张望，也有的在啃食树皮。我们不忍闯进猴群，以免打扰它们采食。天色也不早了，我们便返回。

2005 年 10 月 9 日　晴

早上我们在公路上巡视了一番，发现猴群没有沿着监测站后面的山顶下行，而是绕道向监测站背面移动。于是，我们决定留下杨敬文和刘强在公路沿线继续观察，弄清猴群动向，其余 3 人在大龙潭寻找一个合适的地方上行，向猴群靠近。

我们往上爬了 1 个多小时，就听见了猴群的叫声，而且越来越近，又跟踪一段，方才发现叫声和跳跃声是从离我们不远处的林子里传来的。于是,大家在一处石崖稍作停留，观察发现崖下的青荚叶被啃食一光，地上也留下一大堆撕扯过的松果。原以为我们靠近了猴群，但它们听到我们的响动后，却慢慢改变了路线，向上移动以躲避干扰。我们只好继续向上跟踪，但总是和猴群隔着一段距离。我们快，猴群也快起来；我们慢，猴群也慢下来。直到到达山顶，看见猴群翻过山梁向下移动的时候，我们才停止了跟踪，而猴群一整天竟然也没有停下来休息，它们确实受到了惊扰。

2005 年 10 月 10 日　晴

在监测站的后山，我们看见猴群沿着凹槽向下移动，行至一棵伞形杨树下面时，移动的猴群却突然停了下来，发出了一阵急切的报警声。不一会儿，所有的猴子都不见了踪影。大家正在纳闷，老杨突然叫了起来：“快看，鹰子！”。抬头望去，一只金雕正在杨树上空盘旋，原来是它惊扰了猴群。大家齐声大叫，做出各种示威的动作，“唔、唔”地驱赶金雕。但是它根本不理会我们的威胁，依然盘旋。这时，监测站的徐海清拿来一个洗菜的不锈钢盆，使劲地敲打，声音越来越大，加上喊叫声助威，半个小时后，金雕才越过山顶而去。受到惊扰的猴群终于恢复了平静，嘶叫声也恢复了正常，但树上却仍然不见踪影。我们又等了一会，树上开始出现几只大公猴，慢慢地，其他的猴也陆陆续续地爬上树梢。这时大家才明白，猴群见到金雕以后，吓得全躲到地上去了。

以前只听说过金丝猴有天敌，但我们并没有亲眼目睹，这回终于见到了。

2005年10月11日　雨

好天气没持续几天，又开始下雨了，金丝猴们都躲在树枝茂密的华山松和冷杉树上避雨。早上起来，我们轮流在监测站观察猴群。九点多，又开始起雾，能见度越来越低，猴群逐渐看不见了，偶尔可以听见叫声。到了下午，雾开始散去，猴群重新回到我们的视野里，它们正在沿水潭边向山顶移动，一边走一边啃食树皮。下午四点多，山上又飘来浓雾，什么也看不见了，估计猴群已到达山顶。

2005年10月12日　雨

雨还在下着，不过比昨天小了一些。我们在三岔沟发现了猴群，几只贪玩的小金丝猴在雨中蹦来蹦去，公猴和母猴们则冒雨采食，过了没多久，估计因为淋湿了，都乖乖地躲在枝叶茂密的树杈上休息去了。我们也冻得受不了，打算生火取暖。但雨实在太大，拣来的一点柴禾还没点着，就被淋湿了，无奈之下，我们只好咬紧牙关，静静地蜷缩在雨中，等着猴群迁移。

2005年10月13日 晴

昨天猴群一天都猫在三岔沟一带，基本没有怎么移动。今天一早，我们就在三岔沟沟底发现了它们，正在中间的山梁上，三三两两地啃树皮、吃云雾草。

我们爬到了龙头岭的半山腰，好让整个猴群尽收眼底。大家正准备坐下来观察时，黄天鹏一不小心，将身边的一棵死树弄倒了，吓得猴群一阵报警，所有的猴子都迅速上树，四处张望，过了一会儿，大概也没有发现威胁，便又开始四处找寻食物。十二点多，猴群躲进我们对面茂密的冷杉树林，休息了下来，留给我们几个金灿灿的背影。三点多，见猴群开始活动，我们也下至沟底，守株待兔，但等了1个多小时，也只是听闻其声，就是不见其猴。

我们便从沟底往上走了一截，猴群似乎猜到了我们的意图，竟然绕过我们，到高处移动。当我们发现时，只剩下部分猴子还在沟底，有的已经爬到半山腰了。我们壮了壮胆，闯进了猴群。几只母猴带着小猴开始报警，从我们的头顶跳了过去，但是出乎意料的是，除此之外，其他的猴竟然没有骚乱，甚至对我们的出现置之不理，直到最后一只猴子从我们的头顶跳过去，跟前面的猴群会合。这是一只断了尾巴的母猴，它的尾巴只有正常母猴的二分之一。

从今天的跟踪和闯入猴群的结果来看，我们平日的工作没有白费，已经顺利让猴群觉察到我们没有伤害它们的意图，所以对我们放松了警惕，开始容纳我们这些天天陪伴它们的“朋友”了。这对以后的工作来说是一个很好的帮助，也希望这是我们人类与金丝猴和谐相处的开端。

2005 年 10 月 14 日　晴

今天上午，猴群早早地就开始活动了，它们在周围寻找了一些食物，然后开始迁移。当我们到达龙头岭时，猴群也已经迁移到龙头岭的山脊上了。

眼前的一片针阔混交林里，只有为数不多的几棵绿色杜鹃，其他树木都已落叶，所幸这里的松果挺多，而且好像还没有被采食过。猴群正在经过的地方离松树林还有点距离，我们上前跟它们碰头，然后迅速绕到它们上方，一边故意发出响动，试图慢慢靠近，看看猴群是否会在此过程中继续向松树林转移。果不其然，猴群仍然没有对我们彻底放松警惕，始终和我们保持“安全距离”向前移动，直到进入松树林，我们方才停下来。过了一会儿，寂静无声的松树林里，传来此起彼伏的嗑松子的声音，好像一曲大合唱一般，大家相视笑笑。等到猴群慢慢安静下来，我们便退了回来。

2005 年 10 月 15 日　雨

今天又下起了雨，而且越下越大，猴群驻扎在龙头岭的华山松林里。年龄大一点的金丝猴躲在茂密的树丛中避雨，喜欢打闹的小猴追赶了一阵也都安静下来。我们分组在雨中坚持观察，下午四点多，猴群慢慢向短槽迁移，最后在短槽上方停下，并在那里过夜。晚上廖明尧局长与研究所所长杨敬元来探班，并送来补给。看着越下越大的雨，大家都为猴群担心起来。

2005年10月16日　雨

天气渐渐变凉了，加上连续的雨天，早晚明显感觉到阵阵寒意，但是工作仍然要继续。

早上到达短槽之后，大家都冻得直哆嗦，不停地搓手取暖。而猴群依然躲在树上避雨，只是趁雨小一点的间隙，匆匆下来寻找食物，后又回去。大家守在原地，冻得实在受不了了，就决定采取行动，慢慢地靠近猴群，试探它们的反应，而它们竟然也没有报警。到底是下雨天影响到了它们的正常活动，还是猴群对我们不再陌生了，我们无从知晓。尽管如此，我们还是不敢长时间逗留，只待了几分钟，就出来了。

下午三点多时，我们尾随猴群向冷杉林移动，来到了一片干枯的箭竹林。可脚底实在太滑了，大家一个跟头接着一个跟头，几个人都被箭竹刺到，真可谓“上刀山”。直到猴群到达冷杉林准备休息时，我们才返回。

2005年10月17日　阴

一早起来，科考队的成员纷纷因感冒卧床不起，只剩下杨敬文和黄天鹏还能坚持上路，所以今天他俩的任务就加重了。草草吃完早饭，他们就准备到冷杉林去查看，但刚刚走到龙鳞沟，就听见了猴群的叫声，不知道什么时候，猴群竟然以这么快的速度迁移到了龙鳞沟。两人只得退回到公路上，慢慢地看着猴群从龙鳞沟上至龙头岭，又下至三岔沟。

中午，科考队组长杨敬元也上山来了，和我们商量了一下给猴群补食的事情。食物在两到三天之内就能准备好，我们决定近期开始找机会做补食投放实验。

不知什么原因，今天的猴群始终一个劲地边走边吃，也不停下来休息，直到晚上，又返回龙头岭的山脊休息。

2005 年 10 月 18 日　晴

吃奶

在短槽的半山腰，我们看着猴群慢慢向下移动，大部分在低矮的灌木上艰难摘食云雾草。一棵海棠树上，一只猴妈妈怀抱一只大概几个月大的小猴小心翼翼地走着，小猴一直将妈妈的乳头含在嘴里，猴妈妈时不时地伸手去采高处的云雾草，一点一点塞进嘴里。看着猴群兴高采烈地寻找食物，我们没有靠近，只是在半山腰静静守候，不知不觉地，大家竟然都躺在地上睡着了。等醒来时，猴群已不知去向，林子里只剩下微微的风声。我们急忙下到沟底，顺着痕迹往前寻找，原来猴群已经沿着龙鳞沟向冷杉林移动，正走到了斜梁处。看着天色已晚，我们原路返回龙鳞沟。

2005 年 10 月 19 日　雨

早晨十点多，我们来到冷杉林，天空突然下起大雨，冷杉树上的猴子们，都围坐在树上，抱团取暖。十几棵楤木的树皮早已被啃食一光，树干上到处都是猴子们的牙齿印，而再看看这些相互依偎的小可怜儿，它们或许还没吃饱，正饿着肚子呢。见此情景，我们心中一阵难过，想想它们虽然生活在人间仙境，但也必须面对食不果腹的艰难，一种怜悯之情油然而生。我们退了回来，并安排一个人回去拿雨衣，而猴群直到下午也没有移动。四点多，猴子们在树下简单找了一些食物，便又回到冷杉树上休息去了。

晚上，我们回到营地，气温已接近零下，每个人的身上都是湿漉漉的。大家连忙生火、做饭、烤衣服。而此刻的金丝猴，大概只能依偎在一起，共同挨过寒冷的漫漫长夜。

2005年10月20日　雨

原以为猴群不会有太大的移动。所以，今天一开始我们就来到了冷杉林，却没有发现它们的踪迹，又在龙头岭的制高点静静听了一会，才发现猴群的声音从斜梁处传来。这时候已是十一点钟，雨忽大忽小，雾气不断聚散交替：雨大时，雾就散了，可以看见四周；雨小时，四周就被浓雾笼罩起来。猴群也是叫一阵停一阵。在这样的天气里，大家只能在山脊上淋着雨，靠耳朵掌握猴群的动静。下午四点多，猴群慢慢由斜梁移至龙头岭，在山脊上寻找云雾草和松果，最后在一处桦树林里休息。

2005年10月21日　雨

今天猴群沿着经常走的线路，先由龙头岭移至三岔沟，而后顺着中间的山梁上至豁口。我们在雨中聆听猴群的动静，顺着山梁紧随其后，但不敢靠得太近。

中午，雨停了一会，几只母猴抱在一起，公猴坐在边上，时不时地抖擞几下身子，试图将身上雨水甩干。沟底的几只猴坐在一块石头上，悠闲地理毛。不一会儿，雾又起来了，什么也看不见了。

2005年10月22日　晴

天终于放晴了，猴群早早地下到了三岔沟的山梁上，开始享受“日光浴”，小猴们也在林子里欢蹦乱跳，叫声一阵接着一阵，偶尔夹杂着打斗的声音。过了一会儿，它们开始向沟底移动，我们躲在一丛倒树后面，眼看着猴群离我们越来越近，走在前面的几只母猴带着小猴，已经跳到我们前方。也许藏得太隐蔽，猴群竟然没有发现我们。黄天鹏故意学猴子叫了几声，一只母猴循声看了几眼，没有反应，继续埋头吃东西。这时，老杨试着从倒树边上慢慢走出去，可是被一只小猴看见了，趴在枝桠上开始报警，一只母猴迅速将小猴抱走，一边警惕地望着我们，最后跳到一棵高大的树上，一脸怒火，瞪着老杨。我们干脆全部走了出来，大概是响动太大，刚才的猴群一看见我们，便快速地跳走了，剩下一只灰褐色的小猴还在树上“哇哇”怪叫，这时才听见母猴开始报警，另一只母猴则在一边“喔”地应和。过了一会儿，母猴跳下来将小猴抱走。

刚才虽然有点吓到猴群，但它们并没有走远，只是从我们上方回退了几十米，沿着三岔沟左边的山梁，向我们的屋后迁徙。

母猴抱走小猴，跳到树上

苹果！苹果！

2005年10月23日～11月13日

时间飞逝，转眼间，我们已经与金丝猴部落周转了半年时间，热闹的盛夏已经结束，依靠阳光调节体温的爬行动物又回到它们越冬的洞穴，大部分昆虫已经进入生命周期的最后一段时光。

神农架的气温下降很快，在几场秋雨之后，气温已经逼近零度，11月初就下起了鹅毛大雪。

猴群一直生活在大龙潭周围的山脊上，不曾迁徙，做出这种决定的原因尚未清楚。不过，很显然，愈加的恶劣天气使得它们想走可能也走不掉了。

今年的冬天异常寒冷，大雪连续下了半个多月，山谷间的河床都要被冻断了。我们时常在野外看到冻死的苏门羚、獐子的尸体。不仅是金丝猴，所有的生命似乎都在拼死生存下去。

我们与金丝猴接触的目的也凸显出来——帮助它们度过冬天。

在人类未介入猴群的迁徙之前，每年冬季在野外巡逻的护林人员都能发现一些冻死的金丝猴，这对于本来数目堪忧的金丝猴种群，可谓雪上加霜。

造成死亡的原因是冬季雪封期很长，延绵6个月之久，大部分动物找不到可以吃的，最后饥寒交迫，饿死、冻死。除了吃树上的地衣（云雾草），就是秋季剩下的松果，实在没有吃的，它们就啃巴山冷杉的树皮充饥。不得不说，在冬季，金丝猴的日子过得很惨。

神农架的冬季

这也是我们此次跟踪金丝猴试图要解决的问题之一。

在半年跟踪途中，通过不停地尝试进入它们的领地，目前生活在大龙潭的金丝猴已经多少放下了对我们的警戒。眼看冬季即将到来，我们背着几大筐苹果、橙子，引诱它们前来觅食。

刚开始它们对这些陌生的食物很不感冒，看都不看一眼，甚至扔掉苹果，摘食作为伪装的云雾草吃，这让人大跌眼镜。

为了进步一接近猴群，队员们做了大胆的决定：利用拟态的服装、帐篷，进入猴群的领地观察它们。我们与金丝猴的距离更近了，而寒冷的冬季的脚步也在一天天走近。

这群猴子会接受我们递过来的苹果么？

2005年10月23～27日　晴

在伊甸园，亚当因为摘食了树上的苹果而遭受上帝的惩罚，将面临生老病死的折磨。而这次，接受苹果诱惑的是一群金丝猴，我们的目的不是惩罚，而是为了帮助它们度过漫长的冬季。

10月末的这几天，队员们都在讨论该怎么引诱这群猴子，一些很简单的问题，大家争论了半天也很难统一意见。在哪摆放苹果？怎么摆放？难道就扔在地上？猴子是在树上活动的，肯定对地上 的苹果不理不睬。开始放多少苹果或者橙子合适呢？竖着摆还是横着摆？

10 月 23 日一大早，老杨和张玉铭就去冷杉林查看猴群去了，其他人围着大龙潭监测点周围侦测地形，寻找猴子经常经过而又容易摆放苹果的地方。

在先后查看了短槽、面坡淌、小龙潭的长岩屋、水潭对面、监测站屋后等多处地点后，经分析，大家认为监测站屋后的山梁、短槽和面坡淌比较适合投放食物，但考虑到食物的运输问题，我们决定以监测站屋后的山梁作为投放食物的首选地点，而短槽和面坡淌为预备地点。

24 日，除了杨敬文一人出去观察猴群的活动方向以外，剩下的 4 人每人都背着橙子、苹果沿着监测站屋后的山脊上行，来到海拔 2460 米的一片三角形地带。该区域为针阔混交林，以 7 ～ 14 米高的红桦为主，群落中有各种灌木丛，并有高低不等的石崖 8 处。我们采用不同的搭配方式，选择在树高 3 米以上的不同树种上插放食物，详细记录每棵树插放食物的个数和位置，并将这些数据贴在树干上，以便查询取食状况。

我们首先在海拔 2211 米处选择了第一棵挂果桦树，并以 10 米的间隔，沿山脊向上插放，全天共投放苹果 123 斤，橙子 366 斤。

结果，查看猴子回来的老杨说，猴子今天根本没有过来，走到三岔沟就停下来吃东西，一直磨蹭到下午四点，又返回冷杉林睡觉去了。

25 日，我们如法炮制，猴群依然没有过来。

到了 26 日的中午，老杨跟着猴群从三岔沟那边过来了。大家以口哨为号，把苹果插在距离地面三四米的树枝上，模仿树上的果实，期待猴子可以拿下来啃食。

插放食物

但是，一路善变的猴群并没有按照我们预先设定的路线纵向迁移，而是在高海拔位置擦过，迁移速度也比较快，基本没有在投放食物的线路上停留。这样一来，猴群与插上苹果的地方就擦肩而过了。

下午，猴群迁移完毕，我们对苹果区的取食情况进行了检查，只有少量食物被鸟啄过，还有一部分掉落在地上，可能是猴群经过时碰下来的。总而言之，今天金丝猴没有触碰我们投放的一粒食物，这让我们有些失望。但万事开头难，我们决心继续坚持，继续等待猴群的到来。

27 日上午，老杨继续去追踪猴群，以便寻找合适的机会引诱猴子前来觅食。

上午十点多钟，猴群出现在三岔沟的左边沟底，但由于这里有好几个连续的小山坳，我们只能看见走在末尾的一群。此时，它们都在华山松上吃松果，一只小猴正抱着猴妈妈使劲摇头，并发出"哇、哇"的嘶鸣，之后又抓住猴妈妈头上的毛冠，猴妈妈无奈，只好低着头，手里拿着松果，任凭小猴淘气地拉拽。过了一会儿，母猴吃完松果，将小猴往怀里一揽，跳到另一棵树上，"哇、哇"的叫声才停下来。看样子，这只"撒泼"的小猴，是在跟猴妈妈"撒娇"呢！

听到队员开始布放苹果的消息，下午开车上山的廖局长甚是高兴。待大家返回后，廖局长听取了杨敬文关于今天早上的观猴报告。猴群已经停留在大龙潭 2 个月了，很反常，白天在三岔沟一带活动，夜晚则回到海拔较高的冷杉林休息。

关于具体的苹果部署，姚辉向廖局长介绍了大龙潭附近的山形，建议根据几日来猴群移动的路线，在监测站背后的山上摆放比较合适。廖局长很赞同姚辉的看法，不过大家都不敢保证猴子会对树林间突然冒出来的苹果另眼相待。

2005 年 10 月 28 日　晴

我们在龙鳞沟的半山腰看见猴群正向斜梁移动，那里有一片空地，几棵树孤零零地兀立其间。一只年轻的公猴，蹲坐在其中一棵树上使劲摇摆，身子也随着树梢剧烈地晃动。就这样来回几下，借助惯性，公猴一下子"飞"出老远，又稳稳地"降落"在七八米开外的一棵杨树上，然后张大嘴巴，向一只更老的公猴走去。后面的几只小猴也试图模仿，可总是不够胆量，又试了几次，还是不敢，最终只好放弃了。但是它们很聪明地选择了迂回战术，先跳到一棵较近的树上，顺着枝条，用脚钩住另外一棵树的枝条，虽然跌跌撞撞，但还是顺利抵达目标杨树，和刚才的那只年轻公猴抱在一起，呜咽起来。这大概就是“全雄单元”中年老的“武士”正在训练年轻的“哨兵”。

2005 年 10 月 29 日　晴

早上，我们在公路上看见猴群移到了短槽的山坳，停在那里没有动，可能是到了休息时间。为防止惊扰它们，我们没有追随。下午一点多，猴群开始向冷杉林移动。我们也顺着短槽的右边山梁上行，跟着猴群快速奔向冷杉林。最后，在短槽的尾部，我们竟然和几只公猴相遇了。一只年轻的公猴一边走一边扭过头来看着我们，大家马上停下脚步。紧接着，又有一只大公猴带着 2 只小猴跳了过来，也是一边走，一边看着我们，朝着刚才的那只年轻公猴走去。前面的那只年轻公猴，正端坐在松树枝上，拿着一个松果撕扯，看见它们爬上来，便凶神恶煞地瞪了一眼，但大公猴没有退缩的意思。年轻公猴又用手试探性地抓了一下，大公猴还是没有退缩，反而更加肆无忌惮地张大了嘴巴。年轻公猴又在大公猴的头上抓了一下，便再也懒得理它，自顾去吃手里的松果了。这样的场景把大家逗乐了，张玉铭忍不住扑哧一笑，没想到惊扰了它们，几只猴子一下子全跳走了，瞬间不见了踪影。最后，猴群逐渐进入了冷杉林，我们没有再跟去，而是返回了大龙潭。

一只大公猴带着2只小猴

2005年10月30日　晴

今天我们到面坡淌的时候，看见猴群正沿着短槽山脊向下移动，我们便找到一块草坪，等着它们下来。说来也真怪，这群猴子，每次都趁我们回家后，突然杀个“回马枪”归来，好在我们已有防备，不然又该被它们骗了。

不知是猴群没有看见我们还是其他什么原因，一点多，在距离草坪几十米的位置，几只公猴跳到了一棵枯死的落叶松树上，前天看见的那只公猴走在最前列。我们故意发出声响，后面的猴群感觉到威胁，开始回退，只有那只“打头阵”的公猴，竟然在树上瞪着我们，坐一会儿，回头又瞪我们一下，俨然一副与我们搏斗到底的阵势，看着就觉得好笑。但是这家伙，难道不怕人么？等到猴群都退回到短槽的山坳里后，这只公猴似乎也完成它的使命了，这才从树上下来，慢慢地走上前去，和猴群汇合。

2005年10月31日　阴

今天猴群有点不爱活动，从短槽移至龙鳞沟后，停了下来，在一些灌木上吃了一会云雾草，便回到树上开始休息。大概是天冷的缘故，每只猴都找到了伴，相互抱在一起取暖，还时不时地互相挤挤。在一棵大一点的冷杉树上，有上、中、下三层猴子，上面的一层竟然有七八只挤在一起；中间一层是几只公猴和小猴相互抱成一团；最下面的一层是一些稍小的猴，它们看起来十分霸道，不时把公猴挤得人仰马翻。下午三点多，猴群慢慢地从龙鳞沟向龙头岭山脊移去，最后在龙头岭的山脊上过夜。

2005年11月1日　雨夹雪

早上，天空开始下起零星小雨，天气格外冷，但并没有影响金丝猴的活动，它们开始向三岔沟移动。好动的小猴儿们，一个劲地在林中打闹、嬉戏。小雨也没能阻挡住我们跟猴的脚步。大家来到沟底，躲在一块能够避风遮雨的岩石下面，等着猴群的到来。糟糕的是，十一点多，天空下起冰雹来，所幸此时猴群也到达沟底，能听见它们的声音了。于是，我们往跟前走了一截。猴群可能已经找到了地方休息，大部分的猴子都没能见到，只看见几只小猴在泥塘玩耍，其中的几只还把手使劲往泥塘里伸，好像在捞什么东西，不一会，就裹了一身泥，但它们爱玩的天性难以改变，仍然不停地在泥塘中搅和。

猴群在三岔沟沟底休息了很长时间。四点多，它们又顺着早上下来的路线，原路返回龙头岭的山脊。

2005 年 11 月 2 日　阴

雨早就停了，但天气很冷。早上起来，树上都结了冰挂，地上盖了一层薄薄的霜。而在更高海拔的地方，明显也有一层白色覆盖，估计已有降雪。九点多时，猴群由龙头岭向下移至三岔沟。我们从远处望去，看见大一点的金丝猴的背部毛发都凝结成了一缕缕的冰柱，一眼看上去，金黄的猴子变成了灰白色，特别是一些背部毛发较长的公猴，冰柱结得更为浓密，一棒棒儿地挂在身后。它们在树间跳动起来时，毛发凝结成的冰柱使它们看起来就像穿着白色盔甲的丛林勇士。小猴却跟往常一样，毛发

穿着“白色盔甲”的金丝猴

整齐，显然是得到了大猴们的保护。中午的时候，温度升高了一点，金丝猴背部的冰柱慢慢开始融化，水珠顺着毛发落下，它们也渐渐恢复了原样。晚上，猴群又休息在三岔沟的中间山梁。

2005年11月3日　阴

我们跟着猴群沿三岔沟的中间山梁上行，到山顶后，又沿着山脊走了一截，然后向小龙潭方向移动，一直行进到小龙潭宿舍的对面山上，直到五点钟，才移至双龙顶。这一整天，我们累了个半死，从早上一直跟着，吃饭的时间都没有。身手敏捷的猴子在森林之间如履平地，把我们丢得很远，我们却还得穿竹林、过杂灌，一天光听猴叫了，一只猴也没看见。

2005年11月4日　小雪

天气渐冷，雪终究还是下了起来，这是今年大龙潭的第一场雪，山野间白茫茫的一片，估计一时半会是停不了了。我们在双龙岭的冷杉林搜寻了一会儿，没有发现猴群，地上也没有痕迹。正准备继续往前走时，从我们身后传来猴群的叫声，回头一看，好家伙，原来它们全待在一处凹槽的冷杉树上，相互抱团取暖。有几只猴坐在一根树枝上，一个抱着一个，脑袋统一扭向一边，闭眼休息。看到这样的情形，我们也不忍打扰，锁定了猴群的具体位置后返回。

2005年11月5日　雪

雪依然在下，而且越来越大，猴群已经移至斜梁处。它们一动也不动，在光秃秃的树上蜷缩在一起，身上已经被白雪覆盖，偶尔起身，抖动一下身上的雪花。雾也慢慢地从远处飘来，不一会就遮住了猴群。我们再也无法观察到猴群的情况，只是时不时地有小猴的叫声传来。我们害怕惊动它们，没有生火取暖，也只能像猴子们那样靠在一起。就这样延续了几个小时，猴群仍然没有活动的迹象，我们便返回了。

冷杉树上抱团取暖

2005年11月6日　阴

一早，雪停了下来，我们在龙鳞沟的沟底看见猴群正在绕着龙头岭的半山腰移动。行走在树间的猴子们每跳一下，树上的积雪就会纷纷溅落，雪花再次落了全身。因此，它们每经过一棵树，都需要习惯性地抖动一下身子，弄掉身上的积雪。可怜的猴儿们，一棵树接着一棵树地寻找食物，一点一点地将云雾草放进嘴里。一些找不到云雾草的猴子，只能使劲地啃着树皮。小猴们则折断小一点的树枝，慢慢地啃食。我们也就跟着猴群在龙头岭的山腰转悠了一整天。

小猴啃食树枝

2005年11月7日　雪

一大早，鹅毛大雪纷纷扬扬地从天而降。还没到中午，山川又一次披上了一身白纱。之前我们都估计猴群今明两天会再次抵达苹果区，不过看着这场雪，大家心里都没底了。我们只好再次来到昨天猴群休息的地方，果然不出所料，猴群一动也没动，依然在原地休息。这里树林茂密，容易隐蔽。如果猴子在树上不动，任凭大雪覆盖，过路的人会很难发现它们。猴群大概就在原地找了些东西填了肚子，完了又继续上树休息，下午往高处迁移了几十米的距离。

2005年11月8日 小雪

一大早，所长杨敬元与廖局长就上来给大家送来补给，并冒雪进入冷杉林观察猴群动静。

此时小雪霏霏，视线并不是太好，通过望远镜可以看到金丝猴呼出的热气，一只背部堆满雪的大公猴坐在树端，抱着自己的孩子与母猴，张大嘴巴，又埋头睡了过去。

今年天气异常寒冷，此时外界温度已经零下16摄氏度。不敢想象，在食物匮乏的这个阶段，猴群只能依靠树皮或者少有的地衣撑过去。

这时候，大家更意识到为猴群提供食物的重要性，廖局长小声地与姚辉讨论布放苹果的事情，一直没有进一步的进展。姚辉说，猴群几次经过苹果区域，都视而不见，

大公猴抱着孩子和母猴坐在树端

有的猴子甚至扔掉苹果，吃上面伪装的地衣。廖局长认为可能是苹果铺放的地区太小，或者猴群没有充分地与苹果接触。姚辉决定今天再次扩大苹果铺设面积。

九点多，我们发现猴群又准备往三岔沟移动，便在三岔沟的中间山梁找了一个合适的位置观测。猴子每跳一次，树上就有雪花四处飞溅，特别是一些公猴，力量大，从树上路过的时候，仿佛一场暴雪落下来。

大概在龙头岭至三岔沟途中没有找到可以吃的东西，到沟底以后，猴群便安静了下来，各自搜罗云雾草和青荚叶。看着猴群吃得兴起，我们便退了回去，以免等会儿猴群继续向上迁移的时候会撞上我们。

2005 年 11 月 9 日　阴

今天温度还是很低，四处被浓雾笼罩，能见度也很低。猴群已迁至三岔沟的左边山脊，到了九点还没有想要迁移的意思，偶尔听见小猴的叫声传来。十点多，突然听见一阵大叫，只看见林间四处雪花飞溅，两只公猴正在来回追赶。不一会儿，猴群便开始沿着水潭对面的山脊向监测站移动，我们也穿过林子跟着猴群来到监测站后面的山脊上。而后猴群又翻过山脊，在主线公路一边的冷杉林里准备休息过夜。

2005 年 11 月 10 日　阴

天还是阴沉沉的，温度回升了一点，树上的雪开始渐渐融化。上午，猴群又绕着监测站的外梁向监测站移动。我们决定留下杨敬文一人观察猴群的动向，其余几人准备了一些食物，来到第一次插上苹果的地点。

这次我们将苹果铺设的面积扩大了，形成一个宽 110 米、长 2000 米的长方形，范围延伸至水潭的冷杉林上方，苹果与橙子的数量也在上次的基础上增加了 2 倍。如此大的面积，将大大增加猴群接触食物的机会。晚上，猴群停留在外梁的山脊上休息。

2005年11月11日 阴

因为心里有了一丝等待和牵挂，一大早，大家就迫不及待地来到监测站观察猴群的活动情况，但猴群始终没有动静。我们也不敢靠近，心里想到一个共同的问题：经过昨天的一夜冰冻，不知道我们插在树上的苹果现在还能否食用？大家悬着一颗心，焦急地等待猴群出现。十点多钟，猴群终于开始移动了，它们在周围草草地找寻了一些食物，然后开始向我们的预定地点移动，不过速度并不是很快，短短的几百米，走了将近4个小时。三点多，猴群排成一排向苹果区进发，正好在有苹果的山脊上停留下来。大家高兴不已，每个人都睁大了眼睛，焦急盼望，但又一次失望了。猴群陆陆续续地走到林下，待了1个多小时，便又返回至伞形杨树的凹槽里休息过夜了。

2005年11月12日 晴

今天一早，天终于放晴了。一早我们来到监测站的时候，猴群还没有开始活动，只是偶尔听到几声尖锐的嘶鸣。九点多，太阳逐渐照射过来，刺眼的阳光让我们睁不开眼，而猴群休息的地方处在阴面，直到十点多，才有了阳光的照射。阳光唤醒了猴群，猴儿们慢慢从树上露出头来，享受难得的“日光浴”，或者懒洋洋地围坐在一起，相互梳理毛发，并没有寻找食物的意思。大家急切

给父亲梳理毛发

地盼望猴群早点移动，好前去查看情况。直到下午四点多，猴群才慢慢地向投放点迁移，在那里待了 1 个多小时后，才开始沿水潭边向三岔沟的左山脊活动。我们没敢贸然进去查看情况，只好等待明天的到来。

2005 年 11 月 13 日 多云

雪慢慢融化，除了一些阴坡仍被大雪覆盖，其他地方树上的积雪，都几乎消失不见了。一早，科考队派杨敬文和黄天鹏、张玉铭继续追踪猴群，顺着插满苹果的山脊上行，结果发现我们投放的食物落了一地，一片狼藉，而且食物上留下了明显的被鸟、松鼠啃食过的痕迹。这让我们无法判断金丝猴的取食情况。

返回途中，在一个石崖处发现一些脚印，旁边一个橙子，有牙齿啃过的明显痕迹，并且从清晰的牙痕上可以判定，橙子确实是被小猴啃过的。据此推断，猴群肯定采食过部分投放的食物，但具体吃了多少就不知道了。杨敬龙用卫生纸将这个被啃过的橙子包好并带回了营地，其他队员看过以后，也一致认为这就是被猴子啃食过的，但因缺乏更多的证据，无法得出更确切的结论。

勇敢的尝试

2015 年 11 月 14 日～2016 年 1 月 10 日

12 月 28 日，一个值得纪念日子，在被大雪、寒冷围困了 1 个月之后，金丝猴部落开始尝试啃食我们提供的食物，这简直是人类与野生金丝猴建立友谊的一次创世之吻。

事情发生在午后，难得的阳光穿破云层射入插满苹果的落叶林里，在猴群经过这片树林后，一只毛色金黄的公猴停了下来，转头摘下一个苹果，咬了一口之后，就匆忙上路了。大家记住了这只猴子，也记住了它啃食苹果的那一瞬间。

在长久的进化中，金丝猴似乎对依然习惯的食谱之外的任何美味的东西都提不起兴趣，也许是担心食品安全，担心那些看起来五颜六色的果实含有毒素。

在吃光华山松上秋季结的松果之后，生活在大龙潭的这群猴子开始啃食冷杉树的树皮。金丝猴吃东西的利用率很低，例如，它们最爱吃的松果，也是吃一半扔一半。

猴子在吃松果的时候样子很利落，三下五除二就搞定松果坚硬的外壳。长期的攀援使得它们的后手掌大大延长，有利于抓握，在吃松果时，手脚并用，用牙齿撕开外壳后，后脚用力一扯，果实就被撕裂了。松果的含油量很高，可以为金丝猴提供最多的热量与营养。

一年中食物最丰盛的秋季，也是母猴交配受孕的时候，部落间围绕雌猴的交配权，争斗不止。母猴选择在冬季前受孕，就是要刚出生的幼猴躲开神农架长达6个月的冬季，而这次生活在大龙潭附近的猴子，因为有人类的介入，开始尝试它们从未吃过的食物——苹果。

对于猴子而言，这种对陌生食物的尝试，大概也需要一种“神农尝百草”的勇气。

2005年11月14日～12月2日　阴

大龙潭附近山坡的丛林在这段时间里有了明显变化，大部分的山杨光秃秃的，满地是它们的叶子，我们观察猴子的视野变得开阔了，有时候坐在监测点外的空地上休息，就可以看到远处丛林猴群在活动。

在整整18天里，我们都重复着在猴群经过的地方插满苹果。尽管这是件吃力不讨好的事情，但是为了解决金丝猴冬季食物匮乏的问题，针对一群固定下来的猴子进行实验，已经变得迫在眉睫。

到目前为止，我们还是无法确定猴子是否咬过插在树上的苹果。有些苹果上的咬印很清晰，可能是松鼠留下的，星窝状的痕迹则可能是鸟类留下的，因为附近针叶林中生活着大量的星鸦，它们聒噪的叫声在距离很远的山地都能听见。

在研究了猴子经过丛林时的编队、时间后，队员们一致认为，目前采取的策略最有效。在猴子经过的地区插上苹果是我们的事情，而吃不吃，却是猴子的事情。

谁能琢磨透它们那颗机灵的脑袋到底在打什么主意？这么美味的苹果摆在面前，却正眼不瞧。

多日来，我们背着几百斤的苹果在山林里奔来奔去，天气冷得钻进被窝就不想出来，似乎怎么套衣服，风都能钻进去，长时间在淹没大腿的雪地中行走，脚趾被冻得黏在了一起。

20世纪90年代，装备更差的第一代跟猴人在冬季调查金丝猴栖息环境，每天裤脚的冰疙瘩都凝结成了一个鸡蛋，一个队员背着的半斤牛肉，从山坡上滚了下来，他跑了2里多路，把它追了回来。

好在目前金丝猴就在我们生活的监测点周围栖息，否则，在这种寒风刺骨的漫漫冬

背着苹果在山林奔走

季进入山林追踪金丝猴，不知道我们这批队员能坚持多久。

直到12月1日，我们还是没有确认猴群是否吃了我们的苹果。队员们有些着急，不过更糟糕的是，雪越下越大，猴子可以吃的东西也越来越少了。这样下去，猴子找不到吃的，很可能会迁徙到别处去，到那个时候再跟踪猴群、进行投食实验就困难多了。

而且猴群开始迁徙的迹象已经初露端倪。12月2日，在经过半天的寻找之后，我们在三岔沟的顶部重新找到了猴群，让猴子接受苹果看样子已经变得迫在眉睫。

2005年12月3～7日　阴转晴

12月3日，黄天鹏和杨敬文沿着龙鳞沟上行至冷杉林，发现猴群好像准备休息，便往回退了一截，在一处石崖等着猴群开始活动。中午两点多，猴群的叫声逐渐大了起来，并传来打斗声。他俩起身慢慢靠近猴群，虽然一直尽量避免猴群受惊，但是还是发出了一些响动，惊扰到了它们。猴群往前移动了一截，但此时移动队形有点不一致。黄天鹏和杨敬文便停了下来，等了 1 个小时，又向猴群靠近了 500 米左右。这次猴群不再害怕了，向着三岔沟移动，他俩便返回。

第二天，姚辉和余辉亮沿三岔沟上至右边山脊，再沿着山脊上至和冷杉林海拔差不多的地方，仔细察看发现两边山谷静悄悄的，不见猴子的踪迹。他俩继续上行约 300 米后，走在前面的人突然听见猴子的报警声，并看见一只公猴转身跳进树林，姚辉正准备往回退，这时又传来断断续续的猴子的叫声，原来猴群已移至三岔沟的山顶。姚辉示意余辉亮往下移，不要惊动猴群，他在下面找到一处向阳的岩石，躲在那里静静聆听。可一直等到近一点半，除了猴群偶尔嘶鸣几声之外，别无动静。姚辉和余辉亮便开始往回走，下降约几百米后，听见了猴群的吵闹声，感觉猴群也在往下移动，但由于林内树枝太密，始终没有看见猴子。当他俩返回大龙潭时，猴群已移至三岔沟的中间山梁，并在那里休息。

12 月 5 日，天气放晴，刘强和杨敬文从三岔沟上至山顶，隐隐约约可以听到猴群的叫声。十点多时，摄影师姜勇带着器材赶来大龙潭，也跟着上了三岔沟山顶。因为拍摄的需要，姜勇全天尾随猴群，一直到晚间六点，众人返回。大家聚在一起观看猴群的画面，因为拍摄的距离较远，障碍物又多，很多画面并不理想。

经过这次拍摄实验后，大家的结论是猴子并没有完全接纳我们。次日金丝猴没有大

拍摄

典型的三口之家

的异动。12 月 7 日，猴群罕见地宿在监测站后山，距监测站仅 100 多米，摄影师姜勇也闻讯赶来，在监测站对面架好摄像机拍摄。早晨的第一缕阳光刚刚洒向猴群休息的地方，一些猴子就陆续爬上树梢，慵懒地享受起阳光来。一棵红桦树上最多聚集了 16 只小猴，不远处的华山松上，两大一小 3 只猴在一起的较多，小猴们上蹿下跳地玩耍，这是典型的三口之家，它们在阳光下享受着天伦之乐。

这次拍摄，我们还观察到了难得一见的交配行为，持续了 3 次，每次持续 4 ～ 5 秒。它们发出此起彼伏的叫声，并不顾及对面的人群。

2005 年 12 月 8 日　晴

早上大家在监测站至龙桥的路上沿途查看。十点多钟时，见到猴群在昨天上方的山脊活动，并听到猴群的叫声，杨敬文和黄天鹏在知道猴群的确切位置后，沿着监测站上至猴群所在的山脊，躲在一片箭竹林里。因为雪地里坚持不了多久，他俩便爬到一棵樱桃树的枝桠上坐定，听着猴群的动静。没等多长时间，猴群就开始快速移动，杨敬文和黄天鹏跟在猴群的后面，一直跟至龙头岭的高海拔处。猴群停下后，他们返回。

2005 年 12 月 9 日　晴

姚辉和黄天鹏在双龙岭的冷杉林里发现了猴群。此时，一部分猴正踏雪寻找青荚叶的树枝，找到后就坐在雪地里啃食。一段时间后，猴群开始休息。两点多钟，趁猴群

踏雪寻找食物

刚要起身活动的时候，姚辉和黄天鹏开始悄悄向猴群靠近。他们一进入冷杉林，便有母猴发出急切的警报，几只公猴随之也叫了起来，不一会，猴群就沿着雪地跑到了龙头岭的山脊上。没想到猴群到现在为止，还是有着这么大的警觉性。看见猴群向龙头岭的前方移动了，姚辉和黄天鹏又试图向猴群靠近。不过这次稍好，猴群的警惕性不是很高，即便是他俩走到了猴群中间，也只有几只小猴在头上吃惊地叫了几声，上蹿下跳了一会儿，便又随着自己的家庭向前去了。晚上，猴群移至三岔沟的中间山梁休息。

2005年12月10日 小雪

杨敬文和余辉亮一早直接赶到三岔沟的中间山梁，并没有见到猴群，顺着山梁走走听听，一直到山脊顶部的空地，仍然未听到猴群的任何动静。他俩怀疑猴群是否在昨晚又返回了冷杉林中，带着疑问又往龙鳞沟走了几十米后，隐约听见了猴群的叫声，于是绕道下面的箭竹林，来到冷杉林里。可这一路半个小时过去了，竟未听见一声猴叫，难道刚才听到的不是猴的叫声？他俩开始怀疑起来。正待杨敬文拿起对讲机通知公路沿线人仔细查看的时候，在他的左上侧传来了几只猴子的叫声，紧接着，右边也有叫声传来。歇了一会，杨敬文和余辉亮开始试图靠近猴群，猴群看见有人进入自己的领地，又开始变得警觉起来，前后左右都拉响了警报。他们头顶上的一只小猴，离猴妈妈还有一段距离，只听见母猴凄惨的呼唤声从远方传来。见此情况，杨敬文他俩只好退了出来，沿龙鳞沟返回。

2005 年 12 月 11 日　雪

今天，姚辉和刘强上山。他们从龙鳞沟绕过双龙岭的冷杉林，在远处听了一会，发现猴群不在在冷杉林，已经下到了斜梁向上移动，看样子目的地转向了龙头岭。姚辉和刘强没有直接追随抵达斜梁，而是穿过冷杉林，在龙头岭的一处岩石那里守株待兔。

四点钟，猴群到达龙头岭的山脊，它们边走边吃，又在山脊上待了一会，一副流连忘返的样子。前面的一些猴已经向三岔沟方向走出很远了，后面的猴也还没有准备跟上的意思，打头阵的猴只好一声接着一声地呼唤，直到几只猴在林间作威完毕，后面的队伍才老大不情愿地跟了上来。猴群今天仍然在三岔沟的中间山梁上休息。

2005 年 12 月 12 日　雪

今天，杨敬文和余辉亮上山。他们来到三岔沟的中间山梁上查找一番，未发现猴群踪迹，然后去了龙头岭，也无收获，而后返回三岔沟的中间山梁上继续搜寻，并将搜寻范围扩大到 1000 多米。搜寻工作一直持续到中午一点，仍然未果。难道猴群从林间蒸发了么？用干粮简单充饥后，他俩向着水潭山脊方向继续查找，没走多远，发现数行去向

避寒的猴群

小龙潭高山草甸的小猴脚印。两人立即通知机动人员在小龙潭至红花营一线仔细查找，他们则继续在四周观察动静。此刻，大雪飞舞，寒风呼啸。他们揣测，猴群很有可能已经找到一处遮风避寒的好地方，比如冷杉林或者华山松林，如此一转念，两人便顺着山脊快速向冷杉林奔去。果然不出所料，五点多，他俩在冷杉林里发现了正在避寒的猴群。杨敬文和余辉亮不忍打扰，就返回了。

2005年12月13日　雪

昨天，猴群从高山草甸绕了一圈返回冷杉林。它们的移动速度快，行动面积大，给我们的跟踪工作带来了难度，也迫使我们提高了警惕。今天我们决定所有人员上山，一行人里还有从研究所抽调的吴锋，他的目标很明确，一定要弄清猴群急切返回冷杉林的原因。

九点多，我们进入冷杉林里，猴群还没有活动的迹象。天空依然飘着大雪，云雾缭绕，夜一样沉静，我们在原地等候，偶尔听见“噫……噫……”的嘶鸣声划破丛林。十一点半，我们绕到猴群上方，正准备试图靠近的时候，猴群突然大乱，向四处逃散。见此情形，我们只得退步，以免惊跑猴群。

2005年12月14日　雪

我们估计昨天猴群逃离的原因是进入猴群的人员太多，所以今天只安排姚辉、黄天鹏和刘强3人到龙鳞沟的沟底查看猴群的动静。到目的地时，他们发现猴群依然四处分散，因有大雾，所有的猴都不停地叫唤，向着一个方向靠拢。下午三点多，猴群全部聚集在一起，大部队向三岔沟方向行进，天快要黑时，猴群到达龙头岭的山脊，便开始在附近跳跃吃食，当晚休息于此。

下午，廖局长与杨敬元所长上来视察工作，听说队员们已经开始拍摄猴群的日常生活,显得很兴奋。大家围着姚辉的摄像机观看,公猴训斥前来偷情的“流浪汉”的一幕，把大家逗乐了。

熟悉金丝猴社会的杨敬元所长解释，金丝猴社会存在严格的等级制度，每个猴子在部落中都有自己的位置，金丝猴部落一般由各个家庭与一个或几个全雄单元组成，家长可以三妻四妾，而全雄单元里面的流浪汉却一无所有。所以部落中经常出现年轻光棍“偷腥”的情况，这个时候也是金丝猴部落中少有发生冲突的时候。家长雄猴一旦察觉此事，就会奋起直追，打得偷腥“光棍”落花流水，鬼哭狼嚎。

平常看上去和蔼可亲的家长雄猴，唯独对这件事情是不能退却一步的，深层次地说，很可能在自己麻痹大意中，输掉家长的位置。所以，每个家长雄猴总是爬到视野开阔的位置，紧盯着那群不太“安分守己”的妻妾们。

全雄单元

2005年12月15日 晴

天终于晴开了。今天一大早，我们就来到公路上观察猴群。太阳渐渐升起，部分猴爬上树梢，开始悠闲地晒太阳，一些小猴也开始上下跳跃、相互追逐、嬉耍打闹。大部分猴仍然一动不动，待在原地休息。

中午十二点多，几乎全部猴子都开始活动了，它们边吃树叶边慢慢地向短槽方向移动。约1个小时后，猴群又开始向龙头岭方向移动，估计今晚要在龙头岭的山脊上休息。

2005年12月16日 晴

早上，大家在冷风中静静地观察猴群。太阳正好照射在猴群栖息的位置，猴子们见状，纷纷爬上树梢，安静地享受着早晨的阳光。它们有时会找到一些树衣吃，或三三两两地依偎在一起，好像在窃窃私语，互相传达信息。

中午，大家观察到一只奇怪的老公猴，它的尾巴很短，只有正常猴的三分之二。虽然以前也观察到一只尾巴只有正常猴二分之一的母猴，但大家还是感觉很奇怪，不知是天生如此，还是负伤折断，但不管怎样，看上去一点也不影响它的正常生活。下午三点多钟，猴群逐渐隐蔽起来，树上很少见到猴在活动。一直到天黑时分，唯独看见一只公猴在一棵大冷杉树上坐着休息，并未看见其他猴子，也没有听到猴群的叫声。

享受早晨的阳光

2005 年 12 月 17 日　晴

早上发现猴群时，它们已移至短槽。上午十点多钟，猴群的先头部队已经翻过短槽，在面坡淌的半山腰处歇息采食，在阳光的照射下，偶尔看见四五只猴影子在林间徘徊游走，但队伍很长时间都没有移动。直至下午五点多我们返回时，猴群仍然全部隐藏在树林里，离开了我们的视线，只能偶尔听见“噫……噫……”的声音。

2005 年 12 月 18 日　晴

我们七点多钟来到短槽，未见猴群，也未听见声音，大家估计猴群已翻越龙头岭的山脊迁移到了三岔沟。为了尽快找到猴群，我们简单吃过早饭，派黄天鹏去三岔沟查找，其他 4 人则带了 3 箱苹果、十多斤云雾草，来到监测站屋后。

屋后生长着高大多枝的桦树、杨树，我们将苹果和云雾草挂到高处的树枝上。下午返回后，我们躲在屋后不远的地方用望远镜仔细观察。大概 1 个小时过后，只见到四五只公猴，静静地坐在几棵低矮的杜鹃树上凝视前方，谁也没有移动。除此之外，我们没有见到其他猴子，但可以确定的是，猴群正向监测站方向移动。按照我们的预计，就在一两天之内，猴群很有可能再次抵达监测站。这时天也不早了，我们带着没挂完的苹果和云雾草返回住地。

2005 年 12 月 19 日　晴

九点从三岔沟左侧进入，不久就听见猴群的叫声，我们继续向声音传来的方向靠近，发现大部分猴子仍然在一个小沟的底部。从我们的角度，只能看到七八只猴，其中一棵高大的华山松上，有一雌一雄在阳光下互相理毛，旁边有个小猴安静地享受日光浴，偶尔蹦跳几下，自找乐趣。不一会儿，又有 3 只公猴出现在桦树上，它们追逐跳跃，弹跳

一雌一雄互相理毛

力极强，动作稳健。还有几只，一直在安静地晒着太阳。中午，我们转移到右侧的巨石上观察，先见到在靠近大龙潭的方向有 4 只猴，正在往上行走，一会儿便消失在桦树林中。旁边较矮的山梁并排有 3 棵大华山松，2 只猴抱在一起，动作亲昵。下午两点多，有几只猴在向三岔沟的豁口走去。我们便又移近一个小山头，却听见沟底仍有此起彼伏的叫声传来，方才得知大部队仍未移动。大家也没有惊动猴群，本想下至沟底摸清猴群的动向，但被树林挡住视线，看不清楚。一段时间后，只听到“劈劈啪啪……”、“唧唧呱呱……”树枝折断声、猴子尖叫声乱成一团，响彻山谷。根据声音可以断定，猴群很明显是在往上走，而且离我们越来越远。

2005 年 12 月 20 日　大雪有雾

一早在龙桥清晰地听见猴群的叫唤，但因为雪大雾浓无法看清，估计就在山梁的一侧。雪越下越大，当我们艰难行至猴群休息的地方时，全身都白了，如同雪人一般。几个人只好忍受严寒，在山顶观察了一会儿。然而猴群一直静静地在密林里避雪，毫无动静，我们便返回。

下午三点多，猴群的声音越来越密集、越来越清晰，甚至能听到小猴的撒娇声和大猴的回应声，时而夹杂着树枝折断的声音。我们能明显判断出猴群正在向下移动，但浓雾之中，始终看不见猴子的影子。五点多时，猴群逐渐趋于平静。

2005年12月21日　晴

今天我们起得很早，七点半就抵达龙桥。太阳渐渐升高，但还没有照射到猴群的栖息地，四下都显得很安静。大家把自己包裹得严严实实，在寒风中还是冻得直打哆嗦，不停地跺脚取暖。阳光终于照射到山脊上，猴群开始顺着阳光的方向，向龙桥斜移，然后沿着大龙潭的土路，向我们挂果的地方行进。大家顺着公路观察，一边慢慢地向猴群靠近，这时猴群距离公路不足15米。五点多钟，猴群才逐渐停止移动，但队形拉得长而分散。等到它们安静下来时，已天黑了，我们返回。

2005年12月22日　晴

今天早上我们起床后，一直没有听到猴群的叫声，这让我们很担心，各种猜测和疑问油然而生。直到九点钟，我们才听见了猴群的嘶鸣，大家悬着的心终于落地了。猴群的声音越来越多、越来越密集，明显能判断它们正沿着公路上方向挂果的地方移动。大家兴奋起来，赶紧向公路靠近。刘强和姚辉早已打好埋伏，准备记录下猴子吃苹果的珍贵镜头。但不知是什么原因，它们竟然对眼前的食物不屑一顾，又开始往回走了。刘强和姚辉知道又没戏唱了，带着一脸沮丧回来。

对眼前的食物不屑一顾

猴群迁移至监测站的后山，停在那里慢慢悠悠地找食云雾草。一眼望去，满山遍野都是金黄色的身影，相当壮观。我们第一次见到这么开阔而庞大的金丝猴群体，大家静静地享受着猴群带给我们的自然美景，每个人都呆住了，站在原地一动不动。1个多小时后，猴群又折回，向挂果的地方行进，姚辉和刘强赶紧再度走进林子里埋伏起来。下午四点多时，两人走了出来，表情哭笑不得。从他俩口中得知：这次猴群确实进入了投食地点，它们也看到了苹果，并且顺利“采摘”了下来，握在手里端详了半天，可正要尝试下嘴的时候，它们突然被云雾草转移了视线，想都没想，就扔掉了手中的苹果，抓起云雾草，大把大把地往嘴里塞。听到这个消息，大家觉得又好笑，又失望，心里惴惴不安。但一次不行，再来一次，任何人做任何事，都不可能随便成功，我们还需要很大的耐心和毅力。

2005年12月23日　晴

七点多钟，猴群开始在监测站后面的歪脖子树跟前活动，喧闹声逐渐大起来。一些胆大的猴子，在路边的高灌上悠闲地采食树衣，对远处的我们熟视无睹。还有一些猴边享用食物，边沿着大龙潭的小溪向上移动。而在一片较为分散的杨树林里，一棵杨树上悬挂着七八只白色的小猴，它们很安静地玩耍，旁边几只大家伙，也在四处搜罗食物。除此之外，见不到更多的猴群，它们可能还在休息，或是隐藏起来了。刘强试探性地进入猴群拍照，可能因为动静过大，引发了猴群的骚动，一些猴习惯性地往树梢上爬去，另外几只大公猴则使劲摇晃树枝作威，还折断了一些很粗壮的杨树枝，发出巨大的声响。待到猴群离我们远去之后，我们进入挂果的地方，看见树枝上依然挂着很多苹果，有些被乌鸦啄去了大半，而树上的云雾草基本没有了。看样子，猴群确实没有触碰我们投放的食物。

2005年12月24日　晴

今天猴群移至三岔沟的中间山梁，有的大嚼云雾草，有的啃食树皮，吃完后一概懒洋洋地晒起太阳，或者专心致志地相互理毛。一些小猴在一边上蹿下跳，追来赶去，全雄单元的猴子则坐在高树上相互拥抱，偶尔看看其他猴其乐融融的样子，发出一阵阵孤独的呼应。

猴群全天都窝在三岔沟的山脊上，直至天黑时，就在原地休息了。

2005 年 12 月 25 日　晴

连续几天的晴天，融化了金猴岭一边山梁上的积雪。早上猴群沿着三岔沟的左侧山梁，慢慢移至豁口处，一副悠然自得的样子。这样持续的晴天似乎也给猴儿们带来了好的心情，今天，很多小猴都趴在地上相互撕扯，你追我赶，玩性大发，很久没有看见小猴这么自由自在地在地面上嬉闹了。大猴们端坐在华山松的树梢，低头静静地晒着太阳，很少看见有采食的动作。难道是冬日的阳光使得猴儿们都变得懒散起来？我们猜不透猴儿的心思。

下午，太阳渐落，阳光归隐，猴儿们才开始四处采食，并在豁口的不远处休息下来。

2005 年 12 月 26 日　晴

猴群今天一早沿着豁口上行，在水潭的山脊上活动了一段时间，便开始向水潭的低海拔地区移动。在一片较高的桦树林里，猴群停了下来。一些小猴撕扯着桦树的树皮，一点一点地丢在树下。一些猴则沿着桦树树干突然滑下去，一棵接着一棵，用自己的身体将桦树枯死的树皮抹去。偶尔也能看见几只猴同时从一棵桦树上滑进雪地里。小一点的猴大概还没有掌握这种下滑的技巧，从高处滑落时，常常掌握不了自身平衡，在雪地里打几个滚，然后淹没在积雪当中，只露出一个头来，只见它们在厚厚的积雪里挣扎跳跃，唧唧哇哇地叫唤着，却怎么也挣脱不了积雪的阻拦。

一段时间后，猴群又向监测站方向移动。我们留下一人观察猴群动向，余下人员返回屋内，将苹果等食物背到监测站，再次把食物挂在树上，也在地面上放置了部分，等待猴群归来。

2005年12月27日　晴

一早，我们看见猴群经过了监测站的后山树林，但它们行走的路线恰好偏离了我们插放苹果的地区。见此情形，大家很是着急，却也束手无策。等到猴群刚刚离去，我们便急急忙忙进入投放地点查看，只见地上一片狼藉，食物、树衣随处都是，苹果也被啄出一个个小坑，旁边有许多星鸦、花鼠的脚印。下午一点多，大部分猴移至监测站一侧的小坡上，只见大猴泰然自若，小猴古灵精怪，各自占领着树梢。突然，不知受到了何方惊扰，七八只成年猴卷着尾巴，从地面快速地爬到树上跑动起来，看上去身轻如燕、机灵敏捷，动作实在是漂亮。晚间猴群没有移动。

2005年12月28日　阴

一早起床，我们急急忙忙赶到监测站，查探猴群的动向，但猴群一直没有活动。快到十点，大家开始担心起来，因为我们还没有准备好食物，如果这时候猴群突然向下移动，我们就失去了一次很好的投食机会。

根据这几天猴群在这一带的移动规律，我们迅速商议，打算提前在猴群移动前方插上苹果。黄天鹏爬到树上注意观察猴群的动静，等待猴群的到来，我们把食物顺着山势一路排开，每隔五六米放一堆苹果，用云雾草掩盖起来。果然，我们刚刚将食物准备停妥，猴群就开始向下移动，并开始进入了插满苹果的落叶林里。

我们通过望远镜远远观察，它们绝大多数时间仍然待在树上。它们会不会去吃插在地上的苹果呢？我们翘首以盼。

四点半，猴群离开投食区域，迁移到高海拔地带休息。唯有一只雄猴在地面徘徊久久，一身金黄的毛发，在林木稀疏的冬日丛林里若隐若现。它在干什么？它就是我们期待已久的“第一只吃螃蟹的猴”吗？

等到这只雄猴离去以后，我们立即到投放点查看，发现大部分食物旁边都有猴子经过的脚印，其中大部分是小猴经过时留下的，现场一片狼藉，云雾草基本被吃光，苹

它是第一只吃“螃蟹”的猴吗？

果被扔得到处都是，但都有被猴咬过的牙痕，而且每个苹果都被咬掉了部分。是苹果被冻硬咬不动，还是猴子不喜欢吃？我们不敢妄加猜测，但我们还是很高兴，因为今天看到的情形，完全可以证明苹果确实被猴群咬过。虽然我们没有拍到金丝猴吃苹果的镜头，但是种种迹象表明，它们开始接受我们在冬季送来的食物。

2005 年 12 月 29 日　阴，地上有雪

听说昨天猴群吃了苹果，一大早，一辆吉普车就停在监测站门外，当时大家正在吃饭，一猜就是廖局长又跑上来了。一下车，廖局长与所长杨敬元就进入房间，盛了两碗面条，蹲在雪地里，询问昨天的情况。目睹苹果被啃的姚辉与杨敬文纷纷表示，一只亚成年的金丝猴吃了一口苹果，根据前几次的痕迹，可以肯定猴子吃了苹果，但大部分的猴子还是对人类提供的食物有所警惕，表现最明显的是走在部落中间的雌性母猴，它们抱着小猴，神经绷得最紧。

吃过饭，廖局长执意要上山看看，并一起布置苹果。监测站后面的山坡仍然积满雪，

布置的苹果

大家背着4筐苹果，沿着昨天猴群经过的路线重新布置。踩着枯枝烂叶，刘强不小心滑了一跤，惹得大家哈哈大笑。

九点多，猴群开始活动，逐渐离开栖息地，慢慢地向山脊移动，到达山脊的冷杉林后，绝大部分猴子开始休息。在水潭边上也能够清晰看见三三两两的猴子在树枝间跳跃，引起树枝剧烈的摇晃。但是不知什么原因，山脚下仍有金丝猴在活动，其中还有母猴和小猴，而山脊和山脚下的高差有四百多米，猴子间拉开的距离很远。山间是否还有猴？大家都很疑惑。为弄清楚这一问题，姚辉和杨敬文决定从三岔沟的左边山脊上行，试图靠近猴群，但在进入猴群的时候，因为积雪较深，不小心踩折了一些拦住去路的树枝，响声给猴群带来了很大的惊吓。只见树枝剧烈摇晃，叫声四起，猴群发了疯似地从树梢斜着向下跳跃，以极快的速度迅速逃出五六百米，出现在了另一山梁上。见此情形，我们只得从远处看着猴群，等它们逐渐安静下来后返回。

因为听到猴子吃了我们的苹果，晚上时分，廖局长与大家讨论工作，一致认为跟猴工作终于获得阶段性成果。廖局长感叹，没想到接触金丝猴的计划进展得这么快，一开始以为会需要2年甚至更长的时间。看到队员们现在的成果，他也备受鼓舞，希望大家把下面充分建立人与金丝猴互相信任的事情做出色。

2005年12月30日　雪

大概因为下大雪的关系，早上很长的一段时间里，猴群都没有移动，隐约能听见一阵模糊的叫声。十点多时，叫声变得清晰起来，我们由此判断，猴群正在整体下移。中午时分，声音渐渐消失。没过多少时间，从监测站外山梁处传来猴群的叫声，大家跑过去听了一会儿，感觉猴群还在下面，便还是往下走去。在离龙桥只有五六百米的地方，猛然听见金猴岭方向有很多小猴的喧闹声。难道我们的猴群已经越过了公路？大家心里直犯嘀咕，前去查看雪地里的痕迹，并没有发现可疑，这才松了一口气，确定那应该是另外一群猴。这时，又听见越来越多的嘶鸣声从我们背后传来，还伴有小猴唧唧哇哇的怪叫，这才知道我们的猴群也赶过来了。两群猴不停地交流，对面的猴群数量越来越多，放眼望去，整个金猴岭的山梁上到处都是猴子，竟有四五百只之多。两群猴逐渐形成对峙状，不时发出很大的报警声和示威声，也有些胆大的小猴，一副事不关己的模样，仍然在离公路很近的枝头上悠闲地找食树衣。不一会儿，公路上来了几辆拖货物的车，几声喇叭吓得对面猴群退回金猴岭的山顶，看不见踪影了。

小猴在枝头悠闲地找食树衣

2006年1月1日　雾转多云

神秘美丽的神农架在浓雾的笼罩之下，迎来了新年的第一个早晨。水潭对面山上，传来了一阵猴子的叫声。十点以后，浓雾渐渐散去，猴群开始慢慢往上行走。下午2点多，猴群到达山脊，可是没过多久，就消失了。我们连忙分头寻找，经过一番折腾，终于在山上看到猴群，它们已到达小龙潭的手机信号塔下，朝着红花营方向迁移。后来不知什么原因，它们又往水潭方向折返回来。过了一段时间，果然在水潭看见猴子正在往下移动。当我们终于听见小猴合鸣声时，方才完全确定猴群已过来，便返回到公路上观察，一直到猴群休息时方才返回基地。

2006年1月2日　雾转晴

今天猴群的活动范围不大，就在水潭周围一带。早上浓雾仍旧很大，但随后放晴，我们能很清楚地观察猴群的活动情况：大部分时间在采食松萝。从十一点到十四点，猴群休息了约3个小时，之后开始有猴子在树枝间跳跃觅食。

下午三点，有部分猴子下地行走，开始往高海拔处移动，但速度并不快。此时，山口处有愈来愈浓的雾气飘来，我们只能选择在雾少的间隙，见缝插针地快速观察猴子的活动情况，大部分猴子都没能见到，只看见3只猴子一动不动地待在桦树上，叫声也很稀疏。随后雾气越来越大，而且变得更加密集。

浓雾笼罩下的神农架

2006 年 1 月 3 日　雾转多云

今天一早，雾气还是很大。据声音判断，猴子已经开始下移，到了山脚处活动。中午时分，雾气散去，猴群东移至水潭对面的一片杨树林上方。我们随之赶去水潭继续观察。刘强和黄天鹏回去取了苹果和松萝，放在山脚下的小溪岸边。但猴群没有来，继续往监测站方向移动。姚辉便回去取了食物到监测站后放好。但猴群没走多远却开始向上爬，翻过一个小山梁，隐于其后的小山坳里，在那休息了 1 个多小时。

2006 年 1 月 4 日　小雪

昨晚猴群就在水潭附近休息，可是早上却一直没听到任何动静，大家都不知道是怎么回事。早饭后，姚辉一组 3 人沿三叉沟去了山背，而后到山梁上查看，另外一组 3 人则在公路沿线观察。

9 点多，还是没听见任何动静，上山人员到达山梁后也没有发现。余辉亮和张玉铭去水潭那里的公路一带观察，留杨敬龙在水潭。他们在公路主线上走了几个来回，也无任何发现。

过了一会，杨敬龙打电话过来说在水潭边听到猴叫。我们连忙回去，仔细一听，果然听到了猴叫声。此时将近正午十二点了，温度仍很低，小雪一直在不停地飘落，猴群仍然没动，只能听到猴叫，还有小猴的呼应声。

小雪一直下个不停

2006年1月5日 雪

早上没发现猴群，于是姚辉、张玉铭和杨敬龙3人，从三叉沟进去，翻到山梁子上四处找了一圈，仍然没有结果。按理说今天的天气和昨天一样下着雪，而且气温变得更低了，猴群应该还待在监测站后面的树林子里，只是一直未出声罢了。三人马上顺着山梁子转到监测站后方，又下行了一段距离，果然听到了猴叫声。

姚辉连忙打开对讲机，通知下面的黄天鹏、杨敬文把苹果和胡萝卜插好。过了1小时，猴子开始自己往下移，一边叫一边采食松萝，向着苹果靠近。

眼看猴子就要到了，来不及铺设苹果的我们撤回了营地，大家怨言很多。总结经验，我们认为在寒冬腊月，想让猴子接受我们的食物有很多不利条件，首先是天气太冷，苹果等含水分较多的食物极易被冻住，影响口感；二是大雪纷飞，食物很快会被掩盖，猴群不易发现；而且，金丝猴生活区的其他小动物，如星鸦、花鼠等鸟兽无时不在，食物很容易被偷吃；关键还是猴群行踪不定，我们人手又少，很难确定苹果区。

解决了这些问题，猴子接受我们送来的苹果才有可能。

2006年1月6日 晴

天气寒冷，猴群几乎一直待在原地没动。当阳光照进它们的栖息地时，也不见爬上树梢晒太阳。只有一两只猴子爬到高处负责放哨，偶尔传来几声嘶鸣。

中午过后，猴群可能会开始朝着水潭方向移动。于是，大家背了4箱苹果到了杨树林里。这次的苹果洗过，除去了果皮表面的一些杂质，更适合猴子的口味。4人两两相隔七八米一字排开，由下往上摆放，每隔5～8米摆放5～6个苹果，形成一个小堆。这种办法，既扩大了范围，也提高了密度，一眼望去，好像漫山遍野都是果子。

就在大家忙了一上午，守株待兔之际，猴群却没有向我们蹲守的方向移动的意思。

我们赶紧跑到它们的前头挡住，想迫使它们进入插满苹果的地区。可是我们一靠近，就立即看到10多只猴往回跳走。忙活了一阵，我们无果而返，下山时顺便去了一趟昨天铺设苹果的地方，发现放果子的地方有好多猴子留下的足迹和粪便，甚至有母猴留下的月经血。

捡回的苹果不及三分之一，其余均被吃完。胡萝卜多数找回，均被冻得硬邦邦如同鼓槌一般。捡回的几个被吃了一半左右的苹果，虽然有部分是被其他鸟兽啃咬过的，但是这次金丝猴留下的痕迹较以往更多，应该是有更多的猴子吃过，包括大猴。

猴子今天确实又回到了水潭，我们也再次去到杨树林子，把苹果全部取回。等到猴子安静后，我们返回。

2006年1月7日　晴

今天猴群又转到龙桥，在阳面山坡一侧，分布面积很大。太阳光照进它们休息的那片林子时，也不见太多的猴子在活动，只看见较低处的几只猴子在树枝间悠闲地攀爬。接近中午，猴群声音渐远，可能往高处迁移了。老杨和小张随之到油池子附近上山拦截，防止猴群转向红花营方向。

猴群在那一带自由地活动，不甚害怕，不像昨天那样惊慌。有些猴子甚至在离公路很近的落叶树上采食松萝。

下午一点多的时候，我们发现在监测站下约100米处，有一大一小2条金丝猴足迹链越过公路下了沟，判断是一只雌猴带着一只不超过2岁的幼猴。雌猴和幼猴单独离开猴群是极少见的，这让我们百思不得其解。

2006年1月8～9日　晴

这两天猴群的活动时间都差不多，也许是天气太冷，早上十点猴子才开始活动，范围很小，只是在附近树枝间叫唤和采食松萝等，之后沉寂休息，几乎是一声不出。姚辉和刘强趁机迅速放好了食物。

十一点过后，猴群东移了一段距离，而后在那里活动了约1小时。刘强提着照相机进去拍摄猴子吃果子的情景，可惜有一只猴子发现后立刻发出报警声，其他猴子轰的一声全跑掉了，没拍到详细的采集细节。不过他回来说，食物周围全是猴子凌乱的脚印，苹果所剩无几，而且他亲眼看见一只猴子正拿着苹果啃食，逃跑时，有一只猴子还刨出了前两天埋在雪里的胡萝卜，夹在腋窝里。

猴群仍在监测站后的山梁上过夜。

2006年1月10日　晴

悠闲地攀爬

早晨，在一片沉寂中传来了猴群的叫声，它们开始在树枝间慢吞吞地攀爬移动，采集松萝，并慢慢往西迁移，有些已到三叉沟口子处，快接近昨天铺设苹果的地方了。上午九点，我们铺设了3斤苹果、30斤胡萝卜。猴群先安静了大约1小时，然后叫唤着来到投食处。可是它们并没有停下来，又陆陆续续爬上树，再往山的高处爬去，没爬多远，又停下来休息了1个多小时，然后再次折返，到铺设苹果的地方待了2个多小时。直到傍晚，猴群仍然在那里，偶尔也能看见三四只猴子，但由于风大，听不清它们的声音。很显然，它们是去吃苹果去了。

2006 年 1 月 11 ~ 15 日　晴

黄天鹏在昨天铺设苹果的地方，大老远就听到猴子吃苹果发出“咯吱……咯吱……”的脆响。填饱肚子后，它们就到树上休息，有的还在慢吞吞的攀爬叫唤，有的仍在采食松萝。

回来后，大家都在庆祝猴子接受苹果这一事实。看样子，2 个月来在山林里背苹果的日子，终于获得了回报，猴子接受了我们的食物。

在接下来的几天里，猴群开始经常光顾我们的苹果区域，这几乎成为了它们每天迁徙的目的地，吃饱喝足了再打几个响嗝，直到下午四点多，它们才会在太阳落山之前，慢慢退去。不过，在仔细观察后我们发现，一些小猴和多数母猴还是没有吃到苹果，它们还在担忧着什么呢？这片栖息地内可以吃的其他东西几乎被一扫而空，如果再不进食，对于幼猴来说，会很危险。我们打算将目前的水果面积再次加大，让那些地位稍低的母猴也能吃到食物。

猴子吃苹果

亲密伙伴

2006年1月16日～2月28日

用了大半年的时间，我们追逐金丝猴，风餐露宿，经历同样的雨雪、大风或者冰冻，与它们赛跑、沟通，试图表现我们的诚意。终于，功夫不负有心人，它们停下了匆匆的脚步。

我们的人工补食试验终于出现了重大转折，仿佛一道山岭或者鸿沟，一旦越过，前面就是一马平川了。

猴群没有再走远。最远的一次，刚好是这一年的除夕，它们到了观音洞，不知道那里是不是它们的老家，每一年结束的时候，都要仪式性地返回一次，然后再回到大龙潭，回到我们身边。

这个猴群，从此被我们称作“大龙潭部落”。我们开始关注它们的一举一动，记录它们的日常生活，为科学研究准备第一手的信息。

“大龙潭部落”的金丝猴们接纳了我们的食物，却并不等于它们彻底相信了人类。它们天性多疑，对于“人类部族”，仍然会选择报警和逃离。究竟能否有那么一天，它们真的把我们当成亲密伙伴？

2006年1月16～17日　晴

1月16日，临近年关，神农架的天气已经有了明显的好转，气温有所上升，日渐暖和。冬季食物匮乏，为了养精蓄锐，猴儿们吃了便休息，过得好不惬意。但这中间有一个有惊无险的小插曲：中午十二点后，猴群休息完毕正在由上往下移往苹果区，突然从对面山上滑翔过来一只大鹰，很快被眼尖的猴子们发现，顿时报警声不绝于耳，猴群乱作一团，小猴直往母猴怀里扑，雄猴们则在震跳作威警示入侵者。我们怕老鹰叼走小猴，也跟着大声嚷嚷，所幸老鹰一见这阵式，在一棵大树的枝头停了一会儿就飞走了。

1月17日，猴群没有异动。

2006年1月18日　雪

今天是大面积投放苹果收效最好的一天，苹果几乎全部都被吃过。而且今天猴群起来得很晚，直到十一点以后才开始迁移。它们之前也活动过，但都是小范围地在附近树枝间叫唤和采食松萝等。

下午，惦记猴群的廖局长又开着车子上来了，在走到林间用望远镜观察一边之后，询问队员们一些工作问题，晚上大家围在炉子边喝酒驱寒。年底快到了，年轻的黄天鹏、刘强有点思家，廖局长安慰了两个年轻的小伙，笑称猴子就是现在大家的家人，要与猴群一起吃一起睡，帮助它们安全越冬。

2006年1月19日　雪

猴群的迁移路线并不是一成不变的。今天猴群就直接从三叉沟往东南方向移动到了龙桥仰面山坡一侧，没有经过监测站后山的补食点。虽然阳光已经射向了猴群栖息的那片林子，但由于猴群分布面积较大，我们没看到它们出来活动，只能从叫声大致判断出它们的位置。中午休息完以后，猴群开始向大龙潭移动，但不好断定猴群往山梁的哪侧移动。待猴群到达监测站后山时已是下午四点多了，我们从而错过了投食的时机。

2006 年 1 月 20 日　阴

今天猴群在水潭附近活动，有些胆大的猴子在离公路很近的树叶上采食松萝。我们用望远镜观察，在一棵粗大的杨树横枝上，坐着三只雌猴，中间夹着一只小猴，另还有一只小猴在附近玩耍。不久，玩累了的小猴蹦跳着挤进一只母猴怀里，母猴开始为它理毛，抓虱子。没过多久，在附近另一棵杨树上的一只高大肥壮、强健威猛的大雄猴（家长），敏捷地爬行、跳跃，挤进母猴堆里，左侧一只小猴原先靠在两只雌猴中间，这会儿很不高兴地高声叫着，母亲只好把它搂在怀里。数分钟后，母猴撇下小猴，独自跳到另一棵

雌猴中间夹着一只小猴，另外还有一只小猴在附近玩耍

树上取食松萝，那只小猴很闹情绪似的，独自蹲坐在公猴旁保持着约2厘米的距离。小猴待了一会儿开始打盹，头一栽一栽地，看得让人担心它睡着了会一个倒栽葱，落下树去。

2006年1月21日　阴

今天猴群早早地就起来了，在周围找了些食物之后，就在树上喧闹了一会儿，然后再往上爬了一截，坐在树上休息。中午时分，姚辉在右面山梁和中部山顶上将人员安排妥当后，背了4箱苹果上去投食。其间，猴群发生了一阵骚动，又都往左上移了一截，但没走开。等到猴群安静下来后，我们便下山。约1小时后，猴们又陆续地往下移至投食处，活动了一会儿又上去了。

2006年1月22日　雪

今天午休完后，猴群便开始在周围不远处活动、采食，大大小小的猴子看得一清二楚，也能看到一些小猴从投食处的树上下到地面。前面不远处的一棵枯死的冷杉树密集的枝桠上“长满”了细嫩的松萝，先有一只较大的公猴在耐心地摘食，后又陆续地来了3只体形小一些的猴一起聚餐。时间不长，有2只猴离开了。过了一会儿，那只曾见过的断尾公猴也来了。这次它离我们很近，能清楚看到它的尾巴末端又粗又钝，估计是伤残所致而并非先天形成。看来短尾金丝猴的地位较低，余辉亮2次亲眼目睹了它被其他猴追打的情景，但它每次只是一味地回避忍让而未出手还击。

猴群采食

2006 年 1 月 23 日 晴

猴子一整天都在我们的视线之内。早晨，我们在对面山上透过枝桠能依稀分辨出地上猴子的活动情景。而下午时分，猴群陆续离开，往左侧移动了 100 多米便停下，在附近跳跃玩耍，一部分猴子爬到低矮的灌木丛上找松萝吃，唧唧哇哇叫个不停。

2006 年 1 月 24 日 晴

今天的温度依然很低，猴群活动得都比较晚。上午还有二三十只猴子爬在苹果区左侧的枝梢上休息，只有一小部分猴在地上吃苹果。直到下午两点，猴群大都处于休息状态。它们或挤在一起打盹，或互相理毛、或玩耍，偶尔在附近跳跃几下，声音也时有时无。这次投放的苹果有差不多三分之一被猴吃了，这也算是比较不错的成果了。

2006 年 1 月 25 日 阴

午休后，猴群已慢慢移到最靠近外面的山梁附近。此时，从螺圈套过来一群金丝猴，两群猴中间隔着一条公路，距离超过 500 米，但彼此都能互相听见。两边不时传来公猴进行恐吓发出的警示高音。但我们的这群猴，却多数是一副置之不理的样子，丝毫没有忘记继续在附近树上找东西吃，它们还真是什么时候都忘不了吃啊。

其中一只猴子很有意思：它是一只成年公猴，它爬上一棵杨树的顶端，想向较远的另一棵树上跃去，它先是很熟练地使劲晃了晃树干，然后借助树干的反弹力量纵身一跃，成功地跳到一棵华山松的枝条上去了，这两棵树之间的距离少说也有七八米。

2006 年 1 月 26 日　晴

上午九点，有猴子向苹果区移动，随之全部猴子都跟随着移往苹果区。当时看到 5 个稍大的小猴在一棵大冷杉树的枝头上跌跌撞撞跟着大队移动，而那棵大冷杉树下肉眼即能看见几只猴正在摘吃我们插在小树枝上的苹果，但胡萝卜照旧没动。这时，摄影棚里钻进去 2 人，金丝猴似乎感觉很灵敏，迅速跑开，但跑得不远，一会儿觉得安全了，又返回。

2006 年 1 月 27 日　晴

猴子栖息在苹果区稍靠上的地方。一大早，余辉亮看到 4 只猴子在跳。很快，它们就下来觅食了，可惜杨敬龙上去查看时将它们惊走了。但它们并没走多远，就近爬到树梢上晒太阳，一晒就是 4 个小时。

2006 年 1 月 28 日　晴

今天是除夕，是亲人团圆的日子，不过金丝猴们似乎并不知道这个节日对我们的重要性。下午四点多的时候，不知什么原因，猴群竟疯了似的往深山狂奔。我们紧追其后，随它们一口气奔到观音洞那儿后才拦住它们。当晚猴群就在短槽的树林里休息了。见此情形，我们才回到基地，准备年夜饭。吃完饭后就草草地睡了，因为明天还要赶在猴群醒来之前去跟踪它们。

2006 年 1 月 29 日　晴

今天是大年初一，但这里听不到节日的爆竹声，也没有亲朋好友的祝福，陪伴我们的只有这群可爱的猴儿们。早上六点十分，我们到了短槽，猴群还没有起来。于是，姚辉一边安排人在苹果区投放食物，一边派人在前面等待猴群醒来时发出干扰声源，引导它们往投食场方向移动。今天的猴群还算听话，好像也感受到了节日的气息，它们很乖，顺着我们的想法很快进入了投食场，吃完食后，陆续又回到大龙潭监测站后山，一切又恢复了平静。

2006 年 1 月 30 ~ 31 日　小雪

1 月 30 日，下起了小雪。除了中午时期少数猴子下来吃食外，大部分都在枝头，相互依偎在一起取暖，偶尔在附近寻找松萝吃。

相互依偎取暖

下午三点，我们进入猴群领地，第二次给他们送去食物，但是猴群却被惊走了。五点多时，余辉亮看到外侧山梁上的树上坐着2只猴子，不一会猴群就出现了，并开始沿着梁子往上移动，间距拉得很长。

1月31日，猴群没有异动。

2006年2月1日　小雪

天亮起来后，我们找到猴群，然后跟着猴群在山林里穿梭，因积雪太深，大家很多时候都是滚爬着向前移动的。休息时回到营地，大家的裤腿和鞋里都灌满雪和冰块，特别是黄天鹏，身上已是青一块紫一块，脚指头长满了冻疮，晚上睡觉时经常被疼醒。

雪地跟猴

随着研究工作的不断深入，需要做的事越来越多：记录、拍摄、收集样品等。现有的7位工作人员，分别是保护区职工姚辉、黄天鹏、刘强，东北林业大学毕业生余辉亮、张玉铭，向导杨敬龙、杨敬文，很难忙得过来，需要新人加入。

2006年2月2日 雨

早晨，可以在望远镜内看到5只大雄猴呆在一棵枯冷杉上打架，没打多久就坐在树枝上休息。此后，猴群大部分时间待在枝头晒太阳。中午时期，下了一场雨，猴群就都上到了树上。雨停之后，猴儿们就下来吃过一次苹果，之后就又上树休息了。

2006年2月3日 雪

早上七点，队员们背着苹果、松萝到达监测站时，猴群无任何动静。为防止苹果被冻、松萝被雪埋，直到听到第一声猴叫后才上去补食。临近十点时，猴们陆续下来吃食，十二点前吃完又返回。午休了2小时40分钟后，猴群第二次下来，队员们赶紧又上去补充食物。这时，早已有几个猴子先期到达，开始吃昨天地上的剩食。我们顾不了许多，还是上去投食，猴子只得避开，在10多米远的地方看着我们，有小猴子在唧唧哇哇地叫唤。

2006年2月4日 雪

天空仍然飘着雪花，刺骨的风迎面吹来，脸部感觉到特别的寒冷，而金丝猴也和我们一样，冻得蜷缩成一团，三五成群地拥抱在一起，相互偎依着取暖，共同抵御寒冷。由于温度太低，直到上午十点，才有一只金丝猴开始活动，十一点二十分左右，整个猴群才开始一天的第一次觅食。

缩成一团

2006年2月5日　晴

也许是苹果对金丝猴群的诱惑力太大了，自从1月20日以来，猴群就再也没有了大范围的迁移，最远的一次是在大年三十，迁移到了5千米外的观音洞，当晚宿于短槽的树林里。不知那里是不是这群金丝猴的老家，大年三十它们也回家过年。

随着金丝猴群接受科考队投放食物的时间越来越长，猴群在看到工作人员后逃开的距离也越来越近了。刚开始时，它们会逃得无影无踪；而现在，它们只是逃到几十米远的高树上，看着工作人员投放食物。对搭在补食点内的隐蔽棚，经过这几天来的适应，猴群好像已经熟视无睹了。现在的效果无疑已经好于我们的预期。

2006年2月6日　小雪转晴

补食已改在早上进行。今天，余辉亮和杨敬龙准备妥当后，于七点到补食地，八点苹果铺插完毕。这期间有噪鹛、星鸦、松鸦、小嘴乌鸦、花鼠等数以百计的食客们在一旁焦急地等待我们投放的苹果，有的大胆在我们附近啄食，根本就不惧怕我们，更有甚者，一棵小冷杉树上竟蹲坐着五六只熟睡的星鸦。看来，它们已经摸清了我们的补食规律，在这里等待食物送上门来。

同时，猴群也在离我们不远的上方，声音动静都很大，似乎有些等不及的样子，着急下来吃东西。补食时，我们还能看见4只猴子。看来经过近一个月的接触，猴子已不甚怕人了。

2006年2月7日　中雪

大龙潭的最低海拔达2150米，每年真正意义上的冬季从11月一直持续到来年4月中旬，有半年的时间。大部分的月份，山中都被厚厚的积雪覆盖，金丝猴觅食十分艰难，而这段时间正是母猴的怀孕期。

神农架金丝猴怀孕期有6个月左右，在三四月份产仔。冬季给金丝猴进行人工补食，无异于“雪中送炭”。随着猴群里警惕性高的猴子也开始放心地取食人工投放的食物，食物的投

补食

放需求不断增加。如今每天投食的苹果，总重量已经超过100斤，除小部分被其他鸟兽“蹭吃”之外，其余均为金丝猴所食。

2006年2月8日　中到大雪

今天突然下起大雪，雾气也弥漫着整个大龙潭，在树林中很难看清猴群的情况。我们去投放食物，期间见过一只猴子，不过周围的环境比较嘈杂。猴群下来吃食时，在对面山上能隐约看到猴子在地上蹦跳。

过了一会，猴群又上树，坐树上休息，然后做短距离的攀援，往外移动了一点距离。十一点三十分左右，我们上去查看时发现，靠近林下的松萝已被雪掩盖，基本未动，苹果也还剩一半左右，有鸟雀在啄食，部分苹果被啄了或大或小的洞，看来早上没吃多少。

2006年2月9日　晴转多云

雪过初晴，天气格外寒冷。猴群起来得较晚，快九点，叫声才逐渐多起来，没过一会儿便纷纷来到苹果区寻找食物，但我们还未来得及投果，猴群就在下面自行寻找松萝。

今天天气状况很好，猴群看得比较清楚，于是队员们就仔细数了数猴子的数量，发现猴子分成3批，第一批有五六只，毛色漂亮，个头很大，另外两批各有一个毛色漂亮的大块头，总数应不超过50只。我们还见到2个“小不点”，比其他小猴要小很多，不知道是不是刚刚出生没多久的小婴猴。

2006年2月10日　晴

猴群活动与往日大同小异。休息的地点较高，八点三十分左右陆续下来觅食，松萝全被吃光，苹果约剩三分之一。吃完后就近或休息、互相理毛，或攀援、采摘树上的

金丝猴“无动于衷”地看着投食人员

松萝，小猴子玩性不改。

下午两点左右，杨敬文上去查看投食情况时，金丝猴就在他周围“无动于衷”地看着他，他又补充了一些松萝，看来猴群已经开始习惯队员们给它们补食了。

晚上，大家突然提到，用稻草人驱赶那些偷食的鸟类和花鼠不失为一个好方法，可以一试。

2006 年 2 月 11 日　晴

今日猴群的活动情况有些反常，分明是阳光明媚的日子，却直到十一点才开始下来采食，不知道是不是猴群内部出现了什么问题。

第一次采食后，松萝几乎都没了，只剩丁点碎末。猴子吃完后就爬到附近的树枝上休息去了，仍分为 3 批。姚辉下午一点三十分左右曾上去查看过一次，当时有一只大猴在地面吃果，不慌不忙地回避走开，而树上的猴子只是扭头看了他一眼，又继续睡觉。下午两点过七分，又安排两人上去补食，猴群却被惊走，到了下午三点四十才下来采食。到晚上前去查看时，苹果亦所剩无几了。

2006年2月12日　晴转多云

以前的研究资料显示，金丝猴以群体的方式生存，一个群体由多个家庭单元和一个全雄单元为基本单位组成。一个家庭单元里有一个威风凛凛的家长和成群的妻妾子女，家长大多为10岁以上的成年雄猴，它们个体大，毛色鲜艳，是猴群里毛色最漂亮的个体；全雄单元由猴群里被打败的家长和一些刚成年就被家长赶出家门的小公猴组成，这些猴子是一群光棍。

下午，金丝猴们基本趴在树上没动。趁这个时间，队员们又在大石头上方搭了一个简易拍摄棚，以便就近观察猴群。

2006年2月13日　小雨转多云

早上，杨敬文进入简易棚里拍摄。因为简易棚没有完全被遮住，猴子有点害怕，只有三四只大胆的公猴胆战心惊前来采食。十时许，猴群爬到其他树上采食松萝。十一点三十分，猴子再次前往投食地。下午前去查看时，苹果还剩三分之一左右，不久就被吃完。之后，猴儿们爬到别处待了3小时左右。

可惜负责拍摄的队员不熟悉数码相机，摄像的效果很差，模模糊糊的，所幸胶片相机拍摄的照片还不错。

采食松萝

2006 年 2 月 14 日　多云转小雨转大雪

早上多云，猴群待在山坡顶部，迟迟不肯下来。中午时分，猴群才慢吞吞地下来。此时，天空开始飘起小雨。猴子吃饱后又爬到高处休息，然后在雨中静静地呆了 3 个多小时。

小雨过后开始飘雪，小雪瞬间变成了鹅毛大雪。猴群又下来吃食一次，一直到下午五点半左右才陆续离开。

2006 年 2 月 15 ～ 16 日　雾有小雪

连续下了 2 天的雪，今早仍未停，在地面上堆积了厚厚一层。

猴群的活动减少了，于是大家再一次对猴群进行了清点，反复数了几遍，也只有 35 只猴，其中成年雄猴 8 只，这比以前的 105 只整整少了三分之二！而且也没能看到那只断尾公猴，可前几天分明见过的。猴子数量竟然少了这么多，科考队的队员们又担心了起来。

地面积了厚厚一层雪

晚上大家讨论了很久，也没能说出门道，只能决定明天再仔细数数，看能不能重新见到那只短尾巴猴。

2006年2月17日　雪

从14号到今天已连续下了4天大雪，地面积雪已经及膝，人在雪地里寸步难行。

下午，工作人员分为3组，分别计算3批猴子的数量、大中小不同个体的猴子数目、总数。3组人员所记总数仍为35只，单批计数加和也是35只，短尾巴猴虽然也见着了，但猴群整体数量仍然不超过50。队员们心里一下都没了底，不知道这到底是怎么了。

2006年2月18日　晴转多云

早上大家在一起讨论，猴子的数量为什么比前几天少了那么多，是不是分群走了一部分。我们决定再扩大范围找一找。

下午，3个小组交换了计数对象，又清点了猴群数目2次，确定猴群中共有个体最大的成年雄性8只，中等个体的母猴21只，小个体青幼年猴6只。

2006年2月19日　晴

为了较准确地摸清猴子的数量，队员们一大早就全部出动，分3个方向搜索猴子，第一组仍准备食物，然后在补食点那里清点猴子数目；第二组沿监测站—山岔沟—短槽—观音洞搜索，看有无其他猴子；第三组在第二组的对面山上，即监测站—水池子—观音洞搜寻。

费了好大的劲在雪窝里挣扎了几个小时，衣领、脖子、鞋子里面全是雪，但我们并未在短槽和水池子往西的方向发现猴子。队员们回来时，猴子已补食完毕，在基地的几个人又把猴子数了一遍，仍是35只。

接近傍晚的时候，大家突然在监测站山顶看到几棵大树摇晃，还有两三声猴子的尖叫。好家伙，那上面肯定还有猴子。一无所获的第二、三组人员来了劲，带了望远镜快速爬上山点数，发现那里还有 9 只猴子一直未动。这样，看到的猴子总共有 44 只。

2006 年 2 月 20 日　晴

猴子从早上八点开始由左侧山梁往投食地活动，队伍稀稀拉拉，拖得很长，最前面的猴子已到达目的地，后面的却还在山梁子上。昨天下午投放的 2 袋苹果原封未动，队员们也没回收，一晚过去，都被冻得硬邦邦的。早上投食时，我们只是加了点松萝。被猴子“扫荡”一遍过后，松萝都没了，冻苹果基本没动。

为了保证所监测猴群数目的准确性，今天大家再次集中精力清点猴群的数量。队员分几组隐蔽在猴群经过的不同地段，分别计数，把那群躲在远处不敢靠近的猴子也反复数了三四次。几组的结果仍是一致，确认该猴群的数量是减少了。

下午队员们又兵分两路上山寻找其余猴群，踏遍周围的群山，仍然没有什么发现，只好无功而回。晚上决定明天起个早床，看看龙鳞沟和面坡淌的情况。

补充松萝

2006年2月21日 阴

一大早，科考队的成员就分成了2组，一组仍然观察水潭附近的金丝猴，一组出发前去面坡淌进行远距离铺网式细致搜查，还真让队员们在面坡淌附近听到有另外的猴叫声。

下午给水潭处的猴子投了一次食。四点三十分，猴群才安静下来。晚上，寻找猴群的队员回来了，他们说确实在龙鳞沟附近发现了另一群猴子，大家商量着是不是想办法让它们也融入接受补食的猴群中。

2006年2月22日 阴有多云

今天天还没亮，大家就都起床了，留下2个人照看监测站后山的猴群，其他5个人踏夜路前往昨天发现猴群的龙鳞沟，抵达后，发现那群猴子仍在睡觉。根据以往的跟猴经验，我们排列成“7”字形，每人拉开三四米的距离，蹲守在猴群的西面和西南面。当大半猴子醒来时，我们适时地在各个点上弄出一些声音，猴群立即发现了我们。第一个猴子“嘎”地报警以后，持续的“嘎……嘎……”叫声不断，接着有猴子带头往我们相反的方向跳跃而去，这正好是大龙潭监测站的方向。大家保持队形，紧跟着猴子的步伐尾随而去。

费了九牛二虎之力，终于在下午五点之前，把龙鳞沟东侧山梁子上的小部分猴群干扰移动到了大龙潭监测站后山。

2006年2月23日 晴

大早起来，我们查看猴群，情况尚好，只见从左侧山梁和山尖上分别跳下来10只左右的猴子。为了安全起见，有队员跑到对面山上一带观察，快到进小龙潭的岔路口时，发现小溪对面有3只猴子，更高处的密林里还有动静，应该是昨天从龙鳞沟过来的那只

山谷中的猴群

“小分队”。

将近下午一点的时候，听到水潭那边传来猴群迁移的呼叫声，我们爬上山梁一看，三叉沟里铺天盖地全是猴子，估计数量不下200只。逆着它们的脚印回溯，知道它们是由金猴岭方向过来的猴群，从大龙潭部落的活动区域经过。它们的迁移对大龙潭部落猴群无影响。

2006年2月24日　阴有小雪

昨天3群猴子的相遇，并未对大龙潭部落猴群造成什么影响，金猴岭过来的200多只猴子早不见了踪影，而从龙鳞沟过来的几只猴子也不敢接近补食点，它们的警惕心和去年我们刚接触大龙潭部落时一模一样。

2006年2月25日　晴

上午，龙鳞沟过来的猴群从三叉沟向我们补食点迁移，让这边的猴群躁动不安起来，只有部分猴子愿意在补食点取食，整个猴群基本处于蠢蠢欲动的状态，很有些要跟着龙鳞沟过来的猴子一起走的样子。于是，我们的队员在两群猴子之间有意无意地走动。这样持续了30分钟左右，那群猴子才依依不舍地离开了大龙潭。

离开的猴群步伐好像很快。下午，我们分了2位工作人员前往龙鳞沟一带搜寻，只发现一些猴子继续西行的断枝和足迹，可知龙鳞沟也不是它们常待之地，仅是一处驻足采食点而已。

2006年2月26日　阴有雪

今天给猴子补食胡萝卜。猴子下来第一次见到细长红红的胡萝卜时，竟然不甚“惊奇”，照样拿起来就直往嘴里喂，一般是第一口咬胡萝卜的中部，咬成两半，然后一只手抓住一截，咀嚼的时候，发出“咔嚓”的声音，但也和吃苹果一样，吃了几口就扔。一些小婴猴实在是对比苹果还要坚硬的胡萝卜无从下嘴，只能扔掉，在地上拣些松萝往嘴里塞。一个小猴比较有趣，嘴里叼个和脑袋差不多长的胡萝卜，手上拿着一根，腋窝里还夹着一根，往树上跑，结果又掉了一个；还有一个猴拿了根胡萝卜上树吃，不久凑过来一只小猴，眼睛盯着胡萝卜看，还用双手去抓，那只稍大的猴子把胡萝卜放到另一只手上，小猴也跟着，跑到它的另一边……

2006年2月27日　小雪

由于担心监测的猴群跟着西行的小分队走了，今天，队员再次分组对猴群进行了计数，加上一直躲得远远的那几只猴子，仍是44只，不过躲得远远的那几只猴子也是一个家庭。这样一来，我们监测的猴群其实是 4 个小单元，即 3 个家庭和 1 个全雄单元。

中午补充完食物以后，我们发现猴群全部向外面迁移，只是高处还有猴子的叫声，只得跟着猴群走。由于事情发生得比较匆忙，没想到要上山，手套和帽子均未带，回去取已来不及，大家只得硬着头皮赤手空拳地爬山。我们爬的全是陡壁，手被冻得通红，再被荆棘一划，痛得刺骨。衣服里灌满了雪，黏在皮肤上冷得像针扎一样。爬到山顶，大家又冷又累又乏，很是狼狈，只得强忍着。

2006 年 2 月 28 日　晴转多云

中午从监测站后面的山顶处迁来一大群猴子（约 100 多只），下午两点左右到达大龙潭部落的地盘。两群猴子一相遇，便又是一阵骚乱，“嘎……嘎……”叫、“夸……夸……”叫的都有。这群猴子对山坡上的苹果好像也不是十分陌生，其中还有两三个猴子捡了附近的几个吃，很怀疑捡苹果的几只猴子是不是从大龙潭部落出走的。

下午路过的猴群待了 1 个多小时以后，并未在大龙潭区域采集到什么食物，于是又马不停蹄地向东北方移动而去。它们当中捡苹果吃的几只猴子虽是三步两回头，但还是跟在队伍的尾巴上走了。我们监测的猴群看着它们离开，表现得十分淡然，没有叫，也没有猴子跟去。

给猴子起个人名

2006年3月1～31日

有了“大龙潭部落”，我们的科研工作终于井然有序地开展起来。与过去追踪猴群的重体力活儿相比，现在的工作轻松了不少，却日益繁复。在未来的日子里，我们将对部落当中的金丝猴个体进行逐一考察，记录它们的社会角色以及相应的行为方式，建立个体“档案”。首先，我们需要给每只金丝猴起个“人名儿”，方便辨识。

“短尾巴”是部落当中最先被命名的猴子。“短尾巴”的个体特征鲜明，它那与众不同的短尾巴，可能是某一次战争的结果。金丝猴的个体特征，当然是命名过程中最先考虑的要素，然而我们的科考队员们，常年与猴子共同生活，建立了深厚的感情，每当看见它们清澈而天真的眼神，就仿佛看见自己的孩子在面前玩耍。于是，有了“大杨”、“杨杨”……

2006年3月1日　晴

早上，队员们在龙桥一线观察，发现10只猴子的身影。不知为什么，猴子的数量突然多起来。问了在梁上观察的队员，原来是昨天翻过山梁子的猴群，又全部回来了，数量估计有100多只，但大龙潭部落的猴群

享受日光浴

并没有跟着它们跑。它们一路走一路喧哗，速度很快，从地面沿河上溯，往手机信号塔那边移动。

中午过后，金丝猴们左一只、右一群，分散在各处享受“日光浴”。四五只猴子前前后后、憨态可掬地直立行走。

下午，局长廖明尧一行送来补给，并在望远镜中观察猴群动向。

2006年3月2日　晴

上午，金丝猴们分散在各处享受日光浴，也有些四处游荡寻找树衣的。下午一点过九分，又有金丝猴下到监测站后山活动，之后的大部分时间，猴群或者两三个扎堆休息、互相理毛，或者自顾寻觅松萝，只有婴猴十足活跃，一刻不停地蹦跳、玩耍，丝毫不会累的样子。直到晚上六点半的大部分时间，猴群都隐藏在树丛里，一直很安静，只偶尔见到几个猴子在林间攀援。

2006年3月3日 晴间多云

和猴群接触多了，需要记录下来的内容也越来越多，比如猴子如何理毛、觅食、交配、打斗，等等，但随之出现了一个很大的问题：之前我们一直用“大猴子”、“小猴子”或者编号来区别它们，十分不方便，并且经常混淆。工作人员坐在一起讨论金丝猴的情况时，明明说的是这只猴子，却常常被别人理解为另一只，大家都觉得应该找到更好的方式。

首先有人想到给猴子上号码牌，马上就被大家否定了，原因之一是，我们现在都还不能做到和猴子真正亲密地接触，如何上号码牌？另外，上号码牌就要给猴子打耳眼，这其实是一种对野生动物的不当伤害行为。怎么办？突然有人提到了“短尾巴”，这让大家茅塞顿开。是啊，看到这只短尾巴猴的时候，我们怎么就自然而然地给它起名“短尾巴”呢？后来大家一致决定，根据猴子各自的特征给它们起名，这样一来，也就容易分辨了。

2006 年 3 月 4 日　晴

到目前为止，唯一有了名字的金丝猴就只有“短尾巴”，要进一步命名，还得仔细观察，更需要近距离观察，而我们开展的研究工作和人工补食项目都需要和猴子实现近距离接触，无形当中，所有问题都殊途同归了。

一直以来，我们一边观察，一边随时拍照，有了这些图像资料，命名就变得方便起来。下午，趁猴群休息的时候，队员们又在补食点的正南上角搭了一个观察棚。

2006 年 3 月 5 日　阴

上午，猴群一直在树上休息。趁这段时间，工作人员把以前拍摄的金丝猴照片都翻出来仔细观察，还真发现成年雄性都有天然的“标记”，特别是三个家长很好区分，我们给它们起名“红头”、“白头”、“长毛”：“红头”，它头上的毛发颜色比其他家长深；“白头”，它头上毛发的颜色比其他家长淡；“长毛”，它背上的金黄色毛发格外长一些。

也许因为今天是阴天，猴群很早就开始休息了，林子变得安静。

2006 年 3 月 6 日　阴转多云

我们计划花 2 天时间修一条简易小路，环绕猴群目前的活动区域开辟。这样以后跟踪猴群就方便一些了。

长毛

说干就干。下午，大家准备了锄头和砍刀开工。不过，工作时发出的响声对猴子干扰很大，许多猴子在树上又是报警又是作威，骚乱不堪。我们只能尽量放缓、放轻动作，减少噪音，所幸后来修到远处，声音开始被树林屏蔽，金丝猴们也就渐渐安静下来。

2006 年 3 月 7 日　阴有小雨

早上，金丝猴们都还没有醒来，就开始飘起小雨。过了 20 分钟，猴儿们才顶着雨花蹦跳下来。

我们在观测棚里仔细观察三只家长猴，和照片上看到的的确一样：一个头毛红些，一个头毛白些，一个背毛长些。一个家庭一般都聚在一起活动，以后只要区分开这三个家长，再以家庭为单位来区分余下的猴子，然后加以命名，如此一来就好办多了。

2006 年 3 月 8 日　小雨转晴

上午，大多数猴子都挤在一起取暖，天上下着小雨，还有大雾笼罩，很少能看见它们，只能间或听到小猴的呢喃。

十二点半后雨停了，猴子下来觅食，下午一点陆续离开，爬到树林边缘地带寻食松萝。

2006 年 3 月 9 日　阴转晴

早上工作人员到猴群栖息的树林时，仍有几只猴子“拉响”警报。七点二十九分，有猴子下树觅食。我们在棚子里观察到，此次下来的猴子不多，不超过 20 只，小猴不超过 5 只，刚下来不久。“红头”家长，在一只雌猴没有邀配的情况下，爬到其背上与之交配，雌猴只得趴在地上乖乖顺从，眼睛继续盯着前面的食物，二三秒完事后，雌猴即迫不及待地跑去吃东西。迄今为止，我们所见到的金丝猴交配行为全都为雄性后爬式。

全雄单元的猴子里也有一只短尾巴，这只短尾巴猴和另外 2 只公猴联合起来攻击一只尚未性成熟、嘴角瘤还没见长的少年金丝猴。但这三只欺负人的公猴内部也不团结，它们把少年金丝猴赶走以后，短尾巴公猴又成了被欺负的对象。此外，我们还观测到一只公猴在树上小便。

交配行为

2006年3月10日 雾有雨

大雨的天气里，始终有几只猴子没有从歪脖子树那里下来。吃饱喝足以后，猴子大多合抱在一起取暖，也不见喧哗。

中午，神农架林区一位副区长到基地检查工作，了解情况后他很高兴，并对科考队提出了殷切的希望。他认为保护区的保护工作做得很好，金丝猴招引项目取得了突破性的进展，希望大家再接再厉。

2006年3月11日 晴

今天是阳光明媚的日子，但猴群直到十一点才开始下到补食点觅食，这很有些反常。

中午，姚辉走出观察棚，到树林里直接观察拍摄，有一只大金丝猴在地面吃果子，不慌不忙地回避走开，树上的猴子只是扭头看了他一眼，又继续睡觉。姚辉惊喜地发现，一只母猴怀抱着一只脚掌大的小猴，背毛黑色，皮肤裸露着嫩红色，小猴叫声清晰，推测这只母猴今天早上刚刚当上妈妈。难怪上午猴群很晚才下地活动。

刚当上妈妈

到了下午，我们在监测站后山背面听到一声低沉的吼声，但并不清楚是怎么回事。一会儿，杨敬龙慌慌张张地跑下来，说在苹果区不远处，见到一只半人高的黑熊。有五六只大公猴向着黑熊附近的树上跳去，并在树上震跳。黑熊虽和金丝猴同住一个屋檐下，并且生性残暴、力大无穷，却不是金丝猴的“对手”，因为黑熊和金丝猴相比，一个是刚刚学会上树的小朋友，一个却是树上运动的奥运冠军。待我们赶到苹果区观察时，黑熊已经没了踪影，倒是刚才几只大公猴还在刚才黑熊待的附近噫叫，黑熊该是被它们吓跑了。

2006 年 3 月 12 日　中到大雪

夜里一直下雪，早晨出门时，地上的积雪已经有了约 70 厘米深，加上雾气很大，跟踪观察金丝猴的条件极为不利。猴群活动也受到了很大的限制，双足容易陷在雪里难以拔出，因此基本都不下树活动。担心猴子饿着，工作人员又像去年刚开始投食一样，把人工食物插到一些树枝上，让它们摘食。

猴群里现在有了 2 个短尾巴的猴子：之前看到的母猴“短尾巴”，以及最近观察到的短尾巴公猴。不过从缺损程度上看，母猴的尾巴几乎断了一半，而公猴却只掉了尾巴尖儿。但母猴“短尾巴”已经叫开，公猴只能起名“断尾巴”了。

2006 年 3 月 13 日 晴间多云

一大早，天空就放晴了。工作人员刚到补食点，就听到猴子的骚动声，抬头一看，好家伙，10 米开外的一处横枝上，密密麻麻地挤着 6 个猴，其中 2 个母猴怀中各抱一个婴猴。其他猴子都在不远处，三三两两地挤坐一起。看来昨天雪下得太大，它们都没爬上山顶休息，就在补食点过的夜。

虽是晴天，天气却变得更冷，猴子们都在树上抱团取暖。我们走到树下观察时，它们也看到了我们，大猴比较放松，小猴则有点坐立不安地怪叫，脑瓜子滴溜溜地转。我们担心太过惊扰小猴，使它们骚动报警，只能迅速回到棚子里隐蔽观察。

2006年3月14日 晴间多云

现在每天补食时，首先下来取食的总是全雄单元的猴子。相对来说，家庭里的母猴和小猴们较为胆小，不仅最后才到，每每都是飞奔到补食点捡起一些食物，又飞快上树，之后才开始独自享用。

母猴们胆小，吃到的东西也少，一些母猴还带着幼仔，营养很难跟上。工作人员只好选择多投食物，让母猴有更多取食空间和机会。

2006年3月15日 阴转晴

今天，我们观察到两个家庭的家长频频互相攻击，大概出现了七八次，都是抢夺食物的打斗。因为其他母猴进入了它的家庭范围，一方家长就去攻击来访的母猴，这时另一方的家长立马跑过来护妻，两者就发生了争执，虽有身体接触，但并不激烈。母猴之间有时也因为吃食而发生打斗行为，此时它们的老公就会走过来"劝架"，或恫吓另一方。但只要雄猴一来，雌猴间的争斗会立马停止。

小猴胆子仍是很小，一旦发现观察棚里有人，多数都不会下来取食。发出报警声最多的也是小猴，下来吃食的小猴也很少，一般都是下地拣了食物就闪电一般地爬上树去。

2006年3月16日 晴

今天观察到全雄单元里有一只年轻的雄猴，头上无端端地长着一撮凸起的毛发，它也就有了名字，叫做"一撮毛"。

中午，杨敬元所长带领国家及省林业局宣传中心的摄像师来拍纪录片，先到棚子里拍了猴群吃食的情景，拍了约半个小时，很是满意。下来后接到电视上观看，效果蛮好，之后又拍了洗苹果、胡萝卜及装袋、称重、背果和投食等环节。

傍晚，几位摄像师到树林里等了1个小时，猴群就是不下来。看时间挺晚了，摄像师决定放弃，等明早再拍。有趣的是，他们刚刚离开10分钟，猴群便都戏剧性地下来了。难道它们的小脑瓜里，已经有了“陌生人”和“老朋友”的区分？真是难以捉摸！

一撮毛

2006年3月17日　晴间多云

早上温度计显示为零下7摄氏度。可经过水潭时，湖面却只冻结了部分，中间仍然是水面。七点半，林业局的摄像师准时来到大龙潭，他们还带来了短缺的新鲜松萝。

下午，我们在监测站右山靠近水潭的位置发现了猴子的动静，上去找了约10分钟，果然发现一只大公猴。但它始终没有翻过山梁，一直和大龙潭的猴群保持着一定的距离，初步推测它可能是只老孤猴。

2006年3月18日　阴

上午，金丝猴们休息得比较分散，范围跨度东西有50多米、南北有40多米。

廖局长一个人进入猴群领地，观察金丝猴日常行为活动。姚辉与黄天鹏开始背着苹果向监测站背后的摆放点走去。今天，猴群醒来比较晚，大约十点左右，几只大公猴才懒洋洋地张着嘴，在树端上作威，叫醒其他家庭成员。

叫醒家庭成员

廖局长蹲在地上，几只幼猴发出了“唔噶”的警报声。看样子，猴群已经对人为的接近不太排斥，几只家长雄猴并没有领会幼猴的报警之声。

大龙潭的北部山林贴着山谷的地方，全被积雪覆盖，几颗常绿的冷杉点缀在山脊上，形成一条若隐若现的绿丝线。大龙潭金丝猴部落已经长达5个月没有走出这片山林，看来它们已经对人类的食物供给有些依赖。不过，金丝猴的野性尚在。大家得出结论，如果放任不管，猴子可能明天就会消失在大龙潭的山脊线上，再次跋涉寻找可能又要前功尽弃。

十一点，猴群开始移动，廖局长从山顶退了下来。中午，一向胆小的小猴子突然带头来到补食点觅食，最后下来的反而是全雄单元的大公猴。吃食的时候，大公猴表现得十分畏惧家庭猴，不敢接近，待到家庭猴吃了20多分钟，开始到右侧树林子里找食松萝时，它们才三三两两地到补食点捡食家庭猴吃剩的碎果。

2006年3月19日 阴

给金丝猴命名，确实给研究工作带来了便利，但仅仅命名几个猴子远远不够。我们打算采用其他方法，试着给所有猴子命名。

根据长时间的观察，我们发现金丝猴之间除去一些明显的特征，五官轮廓也有不同，比如，一些猴子脸比较狭窄，一些又比较宽阔；一些猴子眼鼻口距离不一样；一些猴子眼睛要大一些。

讨论后大家决定，就用“保护区欢迎你”和“大龙潭欢迎你”的谐音给红头家庭和白头家庭的母猴命名，红头的妻妾分别叫做“宝宝”、“糊糊”、“曲曲”、“环环”、“英英”、“尼尼”，白头的妻妾分别叫做“大大”、“龙龙”、“团团”、“欢欢”、“迎迎”、“妮妮”。

当然，这些名字目前还不能对号入座，我们打算以后每认识一个猴子，就给它一个名字，逐渐认识所有的猴子。

2006 年 3 月 20 ～ 21 日　晴间多云

昨天，我们开了一天的会。今天早上，猴群醒来以后逐渐往山下移动，最先下来的是两个家庭的猴群，小猴下来的也比以前多些了。但两个家长一直在发生“摩擦”，主要是长毛认为另一个家庭的母猴离他所占领的吃食地太近，上去打它，它的一干姐妹们也不甘示弱的样子，两三个联合起来摆出架势，发出“呜呜”的声音。家长红毛一听到这个动静，就过来为妻妾们出头，挡在母猴前面跟长毛厮打，保护母猴。

全雄单元里的大公猴最后下来。它们比较惧怕家庭猴，找了一块空地后，也只是在那里静静地坐着，直到部分猴子离开，它们才移动到监测站后面来。

2006 年 3 月 22 日　雪

早上，我们监测猴群下山后，又听到从西面传来猴子叫声，推测又有一个猴群路过。监测猴群现在正趋于稳定，外来猴群的干扰，我们要密切注意。

姚辉、黄天鹏、张玉铭 3 人顶着风雪在三叉沟、龙鳞沟、面坡淌等地寻找猴群，终于在两沟间的梁子上发现了它们，走近后听其动静，估计数目在 100 只左右，不少于 80 只。之后这群金丝猴又迁移到大龙潭后面的山梁处，下午三点他们三人才回来。

2006 年 3 月 23 日　雪

天虽然还在下着雪，也比较冷，但猴群活动比昨天显著提前。七点四十五分上去看，发现几只猴子挤在一起互相取暖休息。近八点，猴群才开始陆续醒来。

互相取暖

八点半，猴群陆续下树活动，最先下来的是 7 只雄猴，之后有 3 个家庭成员先后到达，其中 2 只为一雄一雌单元。7 只雄猴表现得非常惧怕家庭猴，在它们尚未靠近的时候便迅速逃离了。这次下来的小猴也多，胆子似乎比前几天大了一点。

中午也见到有个小幼猴独自活动，啃食插在树枝上的苹果，但不幸都被碰落。它又跳到地上走了五六米坐下，吃得不亦乐乎，直到 7 只雄猴靠近它时，才不紧不慢地独自离开。

2006 年 3 月 24 日　晴

今天，大家起了个大早，前往监测站对猴群进行观察记录。六点四十分到达，没想到猴群也已开始活动了。有些猴子还在快速地跳跃，就像早晨锻炼一样。

树林外侧有一个公猴迅速地跳跃（作威），消失在视线外，其他几个公猴也紧接着跟着震跳，估计那只雄猴见到了之前出现的那只孤猴，前去驱赶。待猴子全部回来后，我们重新清点了一下，公猴竟然为10只，比以前多出了2只！

中午见着一只母猴在不远处8米高的树上抱着小婴猴，一边吃嫩芽，一边给婴猴喂奶，母子两个一起“吱吱”叫唤，以后都安静下来。小家伙挤在母亲怀里睡得很安详，一点儿也不害怕的样子。

树上母猴抱着小婴猴

2006年3月25日　雪转阴

一大早，姚辉发现附近山上又来了一个小猴群，它们正在往大龙潭方向移动，不久就经过监测猴群的活动区域，并停下休息。

有趣的是，两群猴子在500平方米 ×500平方米的范围内，竟然能互不干扰，和睦相处，每个猴子都不会进错群。一整天，也没见那群猴子离开。

2006年3月26日　阴转多云

上午先有3只大公猴大摇大摆地来到投食场，见到地上有苹果，就捡了吃，但十分挑剔，有些不合口味的，咬一口就甩了，甩了好多，在地面噼里啪啦地滚。

一会又过来3只雄猴，3对3，不甚“和气”，好像一言不合，就开始动手动脚。它们两相对峙，张大嘴巴，露出犬齿，吹胡子瞪眼，对手一边招架一边退后，最终没能打起来。

2006年3月27日 晴

今天见到很有意思的事，我们2次观察到2只雄猴相互爬跨，并伴有前后耸动身体的动作。刚刚“交配”完，两个马上调换角色，刚刚爬跨的那个又立即趴下“邀配”，之前“邀配”的，反过来爬跨前者背上，做交配状。完事后，一只猴子先是亲昵地用头拱另一只猴子腰背部 的毛，磨蹭几下之后又开始互相理毛，十分“恩爱”的样子。这是一个惊人的发现，难道金丝猴群也有同性恋？

2006年3月28日 晴

上午，大家把猴群活动区的食物残渣和断枝进行清理。猴群吃剩的食物残渣主要是一些松果壳、橙子皮和碎果。碎果常被梅花鹿、野猪等动物晚上偷偷摸摸地吃完，而橙子皮和松果壳只能囤积下来。为防止对补食点环境造成污染，大家每周清理一次。

下午，我们又抓紧时间把猴群活动区域西侧的杂乱灌木稍做清除，并在右边新搭了一个带顶的简易摄影棚。清理灌木时虽然响声不小，但猴群没有像以前一样骚动，反应不明显。

2006年3月29日 晴

早上，已经有猴子蹦蹦跳跳地下到山坡来，在苹果区附近到处转悠。虽有人站在附近，但一些胆大的公猴竟大摇大摆地地走过来讨食，根本没把人放在眼里，而母猴和小猴们还是胆小，不敢和大公猴一样太过招摇，只是四下散开，在树林里找寻松萝。

下午大家合计了一下，决定给几只新生小猴命名，依照出生的先后顺序，分别起名“杨杨”、“红孩儿”、“乖乖”。“杨杨”和“乖乖”属长毛家庭，“红孩儿”属白头家庭。

红孩儿

2006 年 3 月 30 日　晴

“杨杨”这个名字，是有故事的。1993 年，神农架的科研人员救助了一只受重伤的“金丝猴”，保护区现任研究所所长杨敬元当时负责照看这只猴子，每日和金丝猴在一个屋子里同吃同睡，日复一日。这是保护区救助的第一只金丝猴，为了完成这个艰巨的任务，杨敬元甚至很少去看望他刚刚出生的女儿杨阳，同事们就给这只金丝猴取了一个和他女儿同音的名字“杨杨”。后来杨杨被送到小龙潭救护站养护，直到 2005 年才正常衰老去世。

如今再次启用“杨杨”这个名字命名科考队观察到的第一只“新生儿”，也是借此机会向杨敬元等神农架第一代野外考察人员致敬!

2006 年 3 月 31 日　阴有小雨

早上看到一只灰不溜秋、瘦弱不堪的小家伙，估计出生不足一星期，它就是“乖乖”，抱着它的母猴跟猴群里的其他母猴相比属于身体比较健壮的，它的老公长毛寸步不离左右。长毛英俊漂亮、威风凛凛，背部的金色针毛好像一件金灿灿的披风。

长毛家庭并不大，经常受到其他家长的追撵，吃食和休息都躲在一个角落里悄悄地进行。另外一位家长白头却不同，它比较好斗，常常主动攻击别的家长、雌猴或全雄单元的个体。

猴大胆

2006 年 4 月 1 日～6 月 25 日

“大胆”是大龙潭部落当中最英俊的猴子，它穿着一件格外耀眼的黄金披风，年轻、强壮、威风凛凛。如果换算成人的年龄，它大概 18 岁，刚刚成年，一生当中最耀眼的时刻正在准备降临。

它在大龙潭部落当中的表现，也确实卓尔不凡，这也是给它起名“大胆”的原因。在所有的金丝猴仍然拒人千里之外的时候，这个胆大包天的家伙走到了我们跟前。当然，它是为了拿走我们手中的食物。

它的“示范”作用向整个大龙潭部落证实了我们的善意，我们终于可以肆无忌惮地来到它们身边，记录它们的行为，跟它们做朋友。

而这个从我们手中接过“橄榄枝”的大胆，也正在越来越多地展露它的天分。尽管到目前为止，它仍然孤独地徘徊在全雄猴之中。我们十分确定的是，终有一天，它将会成为森林中的王者。

2006 年 4 月 1 日　阴转晴

上午，猴群活动到公路附近的新棚子旁。由于这里隐蔽性差，棚子太显眼，猴群一时未能适应，都远远地躲开，保持一段距 离，这对于观察猴

猴大胆

子活动很是不便。估计过一段时间猴儿们熟悉了就会好些。

下午自然保护区管理局局长廖明尧与研究所杨敬元所长带了10多斤新鲜女贞、樱桃嫩叶上来，作为金丝猴的食物投喂。猴儿们吃腻了苹果，对这些新食物表现出很大的兴趣。

2006年4月2日　晴

早上见到2只雌猴和1只雄猴先后跳到同一棵胸径约为5厘米左右的楤木上啃食树皮，吃了几分钟后，看到另外一个家庭的猴子从远处靠近，便下树离开了。

中午，一辆卡车运东西到大龙潭，将东西卸车后返回。由于是空车，在颠簸的山路上发出轰轰隆隆的巨响，经过监测站附近路段时，正在休息的猴群受到惊吓，四散逃开，公猴相继作威。但一会儿卡车走远，四散的猴群又返回继续休息。

2006年4月3～4日　晴

4月3日早上到达监测站时，看见一个雄猴从歪树上跳下来，我们以为猴群下来了，可是左等右等就是不见有其他猴子下来，也听不到任何声音。队员们着急了，分头去找。有些队员先在大石头的下边听到几只公猴的叫声，但无小猴，他们不能肯定，继续下到公路看个明白，仍然没有动静。其他人也均未有发现。大家顿时紧张起来，继续往左侧第三个梁子出发寻找，还是没有发现。之后，所有人分散在小路至小龙潭一带的公路及山上找寻，终于在第三个棚子边上看见3只公猴在活动，又往前走了一段，听到喧闹声四起，还有小猴的撒娇声，这才终于松了一口气。

此后猴群一直待在那一带休息，中午觅食1次，之后又休息近2个小时。醒来后，陆陆续续有猴子回到监测站后山，1个多小时后全部返回。

4月4日，猴群没有异动。

2006 年 4 月 5 日 冰雹转雨夹雪

从凌晨起开始雷电交加，“轰隆隆”震得人心发慌。早上起来，我们发现下了蚕豆大的冰雹，有些地方堆积成雪白的一片。白天雷电、冰雹照旧，到下午晚些时候，又紧跟了一场雨夹雪。已经到了春季，但四月的神农架仍然寒冷。

但恶劣的天气似乎对猴群影响不大，它们依旧下山到监测站后山觅食 3 次，其他时间，都是几个金丝猴挨坐在枝叶茂密的大树上休息。但据其他同事说，救护站里的 2 只小猴对雷声有较大的反应。

2006 年 4 月 6 日 晴

上午，一只大公猴大摇大摆地来到工作人员跟前，黄天鹏就拿了几根樱桃枝上去逗它，不理。于是，他将枝条挂在树干上，退后几步，那只公猴就迅速下来取走了樱桃枝，爬到高处大吃起来。

下午，长毛家庭下树觅食，把小猴放在一边独自玩耍。这时，从另外一个家庭跑过来一只母猴，抱起了小猴，小猴的父母并没有反对，小猴也很顺从，不挣扎，不哭闹。这位猴阿姨刚把小猴抱起，它的老公就向它走来，看不出是恶意还是好意，但猴阿姨见状，“呜呜”叫着抱起小猴后退。公猴没有停下来，猴阿姨只得把小猴吊在腹下往树上爬去。长毛一看情况不妙，气势汹汹地向那只公猴扑打过来。小猴的妈妈爬上树来找它的孩子，公猴见状绕开长毛，向树上的母猴直扑过来，长毛也从后面追来。两雄争斗的混乱中，猴妈妈迅速从猴阿姨手中接过“呜呜”叫个不停的小猴抱在怀里，小猴这才安静下来。没过多久，两位家长终于结束了对峙，长毛慢慢爬回到母子身旁，一家三口团聚，安静地坐在树上。

2006年4月7日　晴

拿嫩树枝逗猴

天气难得晴朗，万里无云。一大早，廖局长便开着车上来，与队员们吃过饭，商量今天的观猴行动。此时，大家对猴群的移动路线已经了如指掌：早晨，它们会睡个懒觉，当阳光透过大龙潭东部的山脊穿射过来时，几只公猴家长会坐起来、作威、叫醒家庭成员，按照日常习惯，它们还会赖床一阵，然后开始进食。首先，它们会沿着冷杉林下的龙鳞沟下来，一路向东，转移到监测站后面的山坡时已经是下午两点，然后开始吃山上队员们准备好的苹果。

七点和八点，我们2次看到一只雄猴震跳作威，其他雄猴纷纷响应一起作威，弄出很大的动静。母猴和小猴也被干扰，跟着一起东跑一下西跑一下，有一定的胁迫反应的意思。

中午，猴群下到公路上面的新棚子附近。我们想逗猴玩，同时也想拉近人猴的距离，就拿了一截嫩树枝递给坐在树上的一只金丝猴，它竟然毫不犹豫地伸手接了过去。看来人猴近距离接触的想法，并非难以实现。

2006年4月8日　阴转雨

十点前后开始下雨，猴子们都在雨中“稳坐钓鱼台”。中午，我们准备了一些樱桃叶和松萝，被它们一扫而光。

那个全雄单元里最年轻且最“胆大包天”的公猴（后来被起名叫做“大胆”）从树

上爬到了棚子上面。看得出来，它对棚子里存放的樱桃叶垂涎三尺。队员们打算随了它的意，抽出一枝伸向它。因为离得较远，它伸手抓的时候没有成功，于是又从棚子的另一侧下来，站在树枝搭成的围栏上。这下，樱桃枝唾手可得了。我们继续递给他一枝，晃一晃，它却没有理睬，正要收回时，它一把抓住，然后迅速跳走。可它只抓到枝头的几片嫩叶，一扯就断了。它不甘心，又继续下来，这回大概是吸取了教训，猛地一抓，终于成功地拖着树枝，上树慢慢享用去了。之后又下来一次，用同样的方法吃到了美味。第三次下来时，不等我们递樱桃枝，它就自己捡了一根，调头就跑。

大胆是猴群中胆子最大的，也是和队员们走得最近的猴子。尽管如此，它仍然保持着相当高的警惕，所以能做到这一步已实属难得了。

2006 年 4 月 9 日　阴

今天见到拖家带口的长毛，竟公然向另一个家庭抢夺取食位置。首先，它向一个家庭的 2 只母猴扑过去，想赶走它们，但母猴的丈夫闻讯赶来，和妻妾一起对付入侵者。螳螂捕蝉，黄雀在后，它们打得正酣时，另一个家长却把目光瞄准了长毛家的母子，蹲下、瞪咕、猛地冲过去，母猴抱起小猴调头想逃，但却被撞翻，小猴也翻滚出去。在杂乱的脚步里险象环生，小猴吓得趴在地上“呜呜”哭叫。长毛发觉后院起火，忙回头料理，向偷袭者扑去……母猴赶紧冲上前去，抱起孤立无援的小猴……当时场面十分混乱，我们真担心小猴受伤，所幸最后没什么大碍。

2006 年 4 月 10 日　晴

上午，有胆大的猴子跑到公路附近的矮树上采食松萝，有 2 只金丝猴竟爬过公路，蹲坐在监测站窗前的树上，盯着里面的工作人员观望。

下午，长毛家庭先找到取食位置，可吃了没多久，就被后来居上的两个家长赶到一边，甘拜下风的长毛一家，只好眼巴巴地看着。长毛家的小家伙很淘气，母猴用膝和

手按住它，试图让它消停一点，但有时也松开让其待在身边。小家伙爬都爬不稳，向父亲伸来小手，也得不到理会，便撒娇似地仰躺在地上，手舞足蹈地哭闹，甚是可爱。

2006年4月11日　晴转雨

早晨观察到的一幕让人担心：有一只一岁左右的幼猴，通过几天的观察，我们发现它既不跟母猴一起，也不同其他小猴一起，大多时候独来独往，甚至和全雄单元的公猴掺和。这只小猴全身湿漉漉的，尾巴沾满了泥土和脏物，看上去糟糕透顶。吃东西的时候，它双手有时抖个不停，总是捡别人的残羹冷炙，常常叼半个不新鲜的苹果，坐到一边偷偷吃掉。它的情况实在令人担忧！

下午五点左右，猴群开始走动，寻找夜栖点，基本上都是在地上或者矮树、灌木上移动，不时停下来在树枝上找东西吃。幼猴们更是一边走一边玩闹。公猴基本是在地上行走，其他的一般则是在低树上跟在公猴后面。到达快接近横梁子的位置时，猴群才停下，这才算安顿下来。

公猴在地上行走

2006年4月12日　阴

上午，外围的那几只公猴（全雄单元）正在新棚子旁边吃东西，突然看见猴群里的2个家庭走了过来，就远远地避让到一边，坐在那里看着其他猴子进食。尽管这样，一个家长还是朝其中的一只公猴扑了过去，其他公猴则四散而去，待家庭成员离开后，才又战战兢兢地回来。

由此可以看出，全雄单元在这个猴群里的社会地位很低，会主动避让家庭猴。

2006年4月13日　雪

上午，姚辉和几个队员到观音洞一带转了转，看有没有其他的猴群，可是转了半天也没什么收获，倒是在路上惊动了一只兔子，吓得它赶紧奔逃。队员们查看了一下留在雪地上的足印，最远的一跳估计至少有2米，且还有一定的向上的坡度！连人都无法跟其相比，真是逃命要紧！

回来后，我们又到红花营那一带转了转，也没听见什么动静，只是在小龙潭上面1千米处发现了很多金丝猴经过时留下的足迹，折断的树枝也落了一地。下午三点半，我们回到监测站。

2006年4月14日　阴

上午，姚辉与余辉亮试着向“大胆”走去。它是一只未完全成熟的雄猴，在不远的树上。姚辉与余辉亮离得很近和它说话，它视若无睹，头都不抬一下，始终专心致志地吃松萝和一种忍冬科植物的绿叶。最后，还是姚辉假装爬树向它靠近，它才慢慢离开。

下午，我们把补食的山坡彻底清扫了一遍，拣回3编织袋吃剩或已坏掉的苹果，

挖坑填埋了。令人奇怪的是，猴子喜爱的食物松萝还剩很多，铺满了地面，收集起来足有一大编织袋。可能是因为昨天下雪，浸湿了松萝，影响了其口味，被猴儿们丢弃了。

2006年4月15日　晴

上午，大家观察到一只体形明显比其他小猴小将近三分之二的婴猴，它的巴掌仅有苹果直径的三分之一大小，拿不住苹果，只能抱着插苹果的树枝，一点一点地下嘴，甚是有趣。一只肚皮明显鼓起来的怀孕母猴，连续拿了几个苹果，都是一口一口把苹果的果肉咬掉吐出，直到露出苹果核，才开始真正享用，有点“买椟还珠”的味道，不知道是不是因为孕期对种子的某些成分有特殊需要，或者只是单纯的喜欢。

下午，几只大公猴好像发情了，其中一只有意无意地向家庭所在地靠拢，惹得距离最近的家长发作，毫不留情地扑上前去。尚未得逞的公猴们见状，只能一边大叫，一边落荒而逃，而家长猴张牙舞爪地撵上，它的妻儿则在一边起哄，乱成一团。

2006年4月16日　晴

中午时分，观察到一只母猴腹下趴着另外一只更为弱小的婴猴，看上去眼睛还没睁开，估计凌晨刚刚来到世上，出生不超过24小时。

另外,整个猴群里至少还有2只“大肚婆”,估计不出十天半月亦会生产。总体来看，大龙潭的猴群，分娩时间比3月份看到的另一群猴至少推迟了半个月。

2006年4月17日　晴

今天，我们见到有个母猴一直跟着全雄单元里的一只大公猴活动，就连大公猴闪避家长的时候，也尾随其后。这种现象很难解释：几只公猴组成的单位，是一个无交配权、孤苦伶仃的“全雄单元”，可为什么老是有一只雌猴跟随呢？

猴群里那只最早出生的婴猴，已经能够踉踉跄跄地走路跳动了，有时也能爬爬小树，不像其他3只刚出生的小家伙，整天趴在母亲怀里一动不动。

最早出生的婴猴有时也能爬爬小树

2006 年 4 月 18 日　晴

早上，全雄单元的猴子先下山，但是过了没多久，陆续来了 2 个家庭，其中雄猴 2 只，母猴 8 ～ 12 只，小猴最多。这两个家庭一来，全雄单元的猴子就回避到一边，任两只家长猴和大多数母猴坐在树林中间占山为王，小猴们则很胆小，都集中在右侧的几棵冷杉树上，离棚子较远。

这些天给猴群投放樱桃树枝时发现，金丝猴很喜欢吃还未成熟的、涩涩的樱桃果。每只金丝猴抓起樱桃枝，均是先咬吃青青的果子，“嘎嘣嘎嘣”，囫囵吞枣，连樱桃核也一起吃掉。

2006 年 4 月 19 日　晴

早上，我们发现猴子待在中间梁子第二个棚子附近未动，只有些个体比较活跃。七点半，猴群有穿过梁子往上移动的意思，于是队员们连忙上去看看。可是走到半路，猴群又都全部下到监测站后面去了，队员们只有返回。

中午，有一只“准妈妈”跑到带仔的母猴跟前，似乎想试着抱一抱婴猴，体验一下当妈妈的感觉，母猴似乎也很爽快地答应了。可婴猴却极其不情愿，一边尖叫，一边使劲地晃动小脑袋，发脾气的样子，“阿姨”走了几步便停住坐下。随后，另一只青年猴跑过来接过婴猴，并把它带到了冷杉树上。

2006 年 4 月 20 日　多云转小雨

青年猴“飞”出去

今天真的很高兴，因为科考队里至少有 3 个人亲眼看见，猴群里又增加了一个嫩嫩的小家伙。这样，猴群里一共有了 5 只小婴猴。这几天早上猴子的行为有些反常，可能也找到了原因。

下午见到一只青年猴在两棵相距很远的树木间跳跃，它先摇晃自己所在的树木，然后借助树木的反弹力和自身的弹跳力，就像弹弓上的石子一样，一下“飞”了出去。我们用尺子量了一下两树之间的距离，好家伙，竟有 8 米！

2006 年 4 月 21 日　阵雨

大胆从队员手上抓了一把松萝

今日大部分时间都在下雨。上午,“大胆”转移到新棚子附近找吃的，还在队员手上抓了一把松萝。它的手沾满泥水，把队员的手指也给弄脏了。

下午，一只家长猴在树间跳跃作威，突然它所抓的树枝不堪重负被折断。还好在落下时，它抓到了下层的枝条。可这倒霉的娃儿，下层的枝条也不够支撑它下落的势头，再次被折断，它就这样直接重重地坠落在地，但它似乎没有受伤，直接爬起来就跑开了。

2006年4月22日　晴有雨

上午，看到监测站西山脊那排高大的杨树林里有猴子在跳，估计是几只全雄单元的猴子远离猴群，活动到了那里。

下午，在几棵七八米高的冷杉树间，有2只3岁大的小猴在玩耍，它们两两单手悬吊在冷杉侧展的嫩枝上，用另一只手和双脚互相抓打。结果，嫩枝被它们扯断，在即将掉落的时候，它们本能地抓住下一层枝条，然后不依不饶，继续抓打，枝条再次被折断，带着它们一起掉到地上。可它们仍然不甘心，又争相爬上树枝再来一次。大家看到这里，不禁感觉这一幕似曾相识：难怪昨天的那只大公猴不会受伤，原来从小就开始摔打啊！

两只小猴在玩耍

2006年4月23日　晴

通过观察发现，金丝猴交配时，有时由雌猴俯身邀配，有时由公猴直接上去跨爬在母猴后背。交配持续时间都很短，一般几秒钟便结束了。交配时，其他金丝猴视若无睹，少数情况下会有一些吃醋的母猴或好奇的小猴在旁观望，让人忍俊不禁。完事后，能看到家长挺起的阴茎，仅六七厘米长。

三个家庭之间经常发生争斗，主要是一方家长嫌其他家庭的母猴离自己的地盘太近，便匍匐在地进行威胁，或者直接扑上前去，这时母猴尖叫着跳开，另一方的家长闻

小猴荡秋千

声赶来保护自己的家人，和入侵者对峙。大多只是张嘴龇牙威胁一下就算了，但有时也会厮打一阵。

2006年4月24日　晴

今天天气很好，那只三月份出生的小猴再次耐不住寂寞，蹒跚地离开母猴单独活动，爬爬小树。

下午再次观察到小猴子在树枝上玩“荡秋千”的游戏。这次是一个小猴独自爬到树梢，然后揪住嫩枝，晃来晃去，这一根断了，就飞快地揪住下层的嫩枝，继续晃来晃去，就这样一级一级地荡下“楼梯”，直到坠落地上，又爬上树枝，从头再来。

2006年4月25日　雨

上午，小猴子们叫着跳着，首先往下移动，不久整个猴群都跟着下来，在监测站后面活动至十一点半后上树休息。下午一点半左右，猴群又开始活动，部分在外围找食松萝。

金丝猴家庭里，家长具有超然地位，它是家庭里唯一具有交配权的公猴，领导家庭的所有活动。但是，有多大的权利，它就得承担多大的义务，家长是家庭里主要的武力，所有的战争它都得一力承担。大多数情况下它都是孤军奋战，包括抵御外来公猴或天敌的骚扰，驱赶抢夺食物的其他猴子或抢夺其他猴子的食物，调解自己家庭的纠纷，仅在少数情况下，母猴会参与其中。

2006年4月26日　阴

上午，我们观察到有很多猴在摘吃女贞叶，有的小猴还把树枝叼到高处吃，但每只吃得均不多。此外，带黑色婴猴的雌猴及一直陪伴左右的雄猴比其他猴晚下来20多分钟。它们先在角落里等着，待其他猴吃饱喝足走远以后，才进来大快朵颐。

金丝猴家庭单元有大有小，大的家庭包括母猴和小猴在内，可以达到二三十只，而最小的家庭也可以由一夫一妻的两只猴子组成。一般来说，大家庭的家长都是比较能打好战的雄猴，所以地位都较高，而小家庭的家长则要弱一些，常被抢食、抢休息地点。

2006年4月27日　晴

中午，我们进棚子里观察，见到最早出生的那只婴猴在地上走走跳跳了，并爬上插苹果的小树啃食苹果，还看见它嘴里含着樱桃树叶，而后来出生的那3只婴猴也不再像以前一样，整天趴在母猴怀里一动不动了，它们开始探头探脑、东张西望，四肢也开始不安分地手舞足蹈。先出生的小猴已经快2个月了，后生的小猴也有半个多月了。

这几天猴子一直不是很“安分”，经常自己到处走动，掰吃树芽。这和春天的逐渐来临，植物开始萌发有关。

2006年4月28日　晴

中午，我们进棚子里观察，发现果然如姚辉所说，那个其乐融融的“三口之家”，真的加入了一只新的母猴，家长长毛和它的这位“小妾”，还表现出一副很恩爱的样子，经常形影不离。前两天，长毛一直在和其他家长打架，姚辉推测，这只雌猴是它从别的家庭抢过来的。说得很有道理，因为不可能有外来的母猴单独进入这个猴群，而这只母猴明显也不是一直跟着全雄单元的那个病怏怏的可怜虫。

2006年4月29日　晴

今天，猴群穿过杨树林，来到山脚的矮灌木上取食松萝，离河岸很近。我们还发现河沿的雪地上留下了猴子经过上面的矮树时留下的痕迹，它们肯定也看见了河对岸不远处的松萝，但它们并没过来。这个很好解释，它们惧怕过于开阔的地方，更何况有人出没。

长毛家新来的“小妾”表现得很识大体，和“原配”相互理毛，还时不时地在那只母猴吃食时，帮着抱带小猴。

长毛和小妾

2006 年 4 月 30 日　晴

今天天气很好，清晨一缕阳光透过树林，使投食的场地显得格外清凉。猴群活动到监测站西边的灌木林，在那里休息。

我们拿出从低海拔区域采来的树叶，有野樱桃、桑叶、卫矛，等等。有几只馋嘴的大公猴好像有千里眼似的，迅速向我们靠近，想过来拿，可是又不敢。在我们的挑逗下，终于有一只公猴从离我们很近的地方下手了，但还是小心翼翼的。

2006 年 5 月 1 日　晴

今天是五一小长假的第一天，单位很多同事都放假了，有的出去旅游，有的回家探望亲人。队员们与节日无缘，只能与这群可爱的猴子一起过节。

随着时间飞逝，除了苹果和松萝外，猴群还接受了人工投放的橙子和樱桃。而科考队工作人员在山上采来的树叶，包括漆树、青荚叶、独活、卫予、梾木、楤木及刺五加等，猴群更是吃个"碗底朝天"，一点不剩。

2006 年 5 月 2 日　晴

这几天，由于天气一天比一天暖和，山下的树叶也逐渐绿起来。今天，我们专门到低海拔的地方采集各种树叶给金丝猴吃，它们特别喜欢吃这些鲜嫩的树叶。

金丝猴对新鲜嫩叶表现出的浓厚兴趣真让人欣喜。猴群正处在哺乳期，鲜嫩的枝叶能提供给它们更加丰富的营养。

我们专门到低海拔采集各种树叶

2006年5月3日　晴

这两天天气都很好，中午时分气温高，爬山直冒汗，但是早晚却比较冷，需要穿上毛衣方才保暖。猴群在感到热的时候，一般会躲在树底阴凉的地方休息，大多雄猴更多地来到地上活动。

另外，近段时间以来，猴群下来采集人工补助食物的时间较以前短了，一般是半小时左右，这应与野外食物丰富了有关。

2006年5月4日　阴转雨

早上七点二十分，猴群开始活动。队员们爬到外侧梁子的第二个棚子处看到了猴子，没过多久，约有10多只猴子过来，声音由远而近，到达了最外面的小山沟。它们一边叫，一边吃树芽嫩叶前进。25分钟后，过来的猴子越来越多，有些在朝上方迁移，面积较大，为防止猴子翻过山沟，姚辉只得先爬到上面，靠近猴群，再转而往下。猴群听见动静，这才开始往回走。

每天猴群下山觅食时，一些公猴表现得不甚怕人，能在人四五米开外取食，犹以“大胆”离得最近。相信在这些公猴的示范下，会有更多的猴子放松对人的警惕。

猴大胆在人附近取食

2006年5月5日　雨

至今敢从工作人员手里拿东西吃的，仅有“大胆”，而且仅有的2次，都是一夺即逃。即使“大胆”猴如其名，它也还是惧怕人的。要让金丝猴对人习以为常，不再有那么大的惧怕心理，还有一条很长的路要走。

金丝猴在树间移动时，除了跳跃，还会把一些细软的树干或枝条，压低到前方的另一棵树上，为自己搭一座安稳的桥，再从上面爬过去。在地面上走动时，金丝猴一般会把尾巴翘起来，向头部弯曲成一个满弓形。

2006年5月6日　雨

今天依旧下着雨，金丝猴们也都躲在树上避雨。最早出生的那只小猴已经长大了不少，背上的黑色毛发变成了淡白色，且长出了少量黄色针毛。小猴很强壮，也好动，虽然是悬吊在妈妈腹下走动，可每当妈妈一停下来吃东西，小家伙就迫不及待地离开，在地上四处撒欢，跑得还飞快。它也已经能够爬到小树的高处了，常常自娱自乐，甚是有趣。

下午见到五六只公猴子并排蹲坐在地上，双脚并拢，双手垂放在两腿之间，动作整齐划一，就像排排坐的乖宝宝。

2006年5月7日　晴

中午，一家长突然发难，向待在猴群下方的全雄公猴奔来，把它们全部撵走。但刚被撵走没多久，包括大胆在内的3只全雄公猴又折回来，在下面远远地看着家庭猴。

长毛家庭里的那只最早出生的小猴“杨杨”，非常活跃，常常手舞足蹈，摇头晃脑，东张西望，嘴巴一张一张地啃食华山松叶子，还一边从妈妈手里抢松萝吃。长毛家长左手关节受伤，能看到红色的血已经结痂，但从其行动上看并无大碍。

2006 年 5 月 8 日　阴

现在猴群中的新生小猴已增至五个。上午，其中一个家庭的小婴猴被单独撇在一边，一直叫唤，摇头晃脑地耍脾气，试图抓住它旁边的任何一个猴子，但没有猴理它，10 来分钟后才被妈妈抱走。

下午在棚子里观察，我们发现那只病蔫蔫的母猴站在棚子后面，行动仍然很迟缓。之前见到它的时候，总是跟全雄单元的孤猴混在一起，它今天究竟怎么了？见到有人过来，母猴先是报了警，但并未离开。随后，一个家长凶神恶煞地冲过来，试图攻击它，到跟前时才猛然发现有人在附近，只得退下。队员们想靠近那只母猴，看看它到底怎么了，可是还没走几步，它就三步并作两步地跑开了。希望它没什么大碍。

2006 年 5 月 9 日　晴有小雨

上午起了大雾，观察猴群变得很困难，所以队员们加强了巡察力度，安排了 5 人在两边的山梁上。好的是在这样的天气里，金丝猴们的活动量也减少了，只是在早上找寻了一些树芽、鲜叶吃。

中午，天空飘起雨滴，猴子身上都是湿漉漉的，觅食完了就向山腰移动，没一会，就找到一个地方，聚成一团休息。小猴钻到母亲怀里，大些的个体有的挤进休息的大猴中间，也有好动的，不顾雨水，在树上追逐玩耍，抖落一片片的水花。全雄的雄猴则多数独自休息，它们好像永远都吃不饱似的，别的猴子休息的时候，还常常看见它们在到处找吃的。

2006 年 5 月 10 日　小雨

现在金丝猴对野外的青荚叶、卫矛及樱桃等树叶的兴趣也不如以前了，队员们推测，可能是树叶长老了，不如嫩叶适口。它们对松萝好像也变得挑剔起来，只吃黑色的那种，每次取食绿色的松萝，都会剩下一些。

“大胆”越来越胆大，和工作人员面对面的次数也越来越多。下午，它竟然大模大样地走到棚子边上，把那里堆放着的树叶“偷”走，一边吃，一边慢慢回到猴群当中。

2006 年 5 月 11 日　阴

上午，我们上屋顶疏通烟囱，发现烟囱顶部来了一窝山雀，大鸟被惊飞了，但巢里还有 7 只嗷嗷待哺的小鸟。这可把大家难住了：不通烟囱做不熟饭吃；通吧，必须把这窝鸟儿搬走。

花了 2 个多小时，我们用木板赶制了一个鸟箱挂在窗户边。这下，从烟囱里搬出来的山雀终于有了另一个安稳的小窝。我们担心鸟妈妈回来找不到自己的宝宝，一直忐忑不安。晚上九点多，我们从小龙潭吃完饭回来，看见鸟妈妈尽职尽责地在新地方守候自己的孩子，十分安详，心中一块大石终于落地。

2006 年 5 月 12 日　雾有雨

今天雨小了些，一阵一阵的，但温度更低，下午还下了一点点雪籽，我们待在棚子里面观测，感觉非常寒冷。雨中我们见到家长之间的 3 次争斗，一次是抢夺食物，另外两次是争抢休息地点。

2006年5月13日　雨夹雪转晴

五月白皑皑的山脊

今天天气又变冷了一些，早上八点左右，竟下起了雨夹雪。向金猴岭望去，山脊部分居然白皑皑的一片，要知道，现在已经是五月中旬了，但神农架仍然飘着雪花，天气格外反常。

下午两点，天色转晴，猴群基本是休息或者理毛，有些爬上枝头，享受久违的日光，褪去连续几天的湿冷。小猴们则闲不住，互相追逐玩耍。

2006年5月14日　晴

金丝猴们一早就来到了监测站西边的杨树林里，或静坐、理毛，或攀援、拥抱休息、追逐玩耍，一直比较安静。虽然树林中枝叶很密，但仍能看得较为清晰。

九点半左右，开始有猴子往左侧头道沟移动，到昨天早上的同一地点采食树叶。姚辉爬到外梁子上静静观察，25分钟以后等猴子吃完早餐折回杨树林，他就跑到那棵一度挤了十几个猴子的树跟前，折了一条小枝，拿回来大家辨认。大家判断是槭属的槭树，有可能是鸡爪槭，可以确定这是金丝猴五月份的食物源之一。

2006年5月15日　晴

上午，猴群一直待在华山松林周围的云杉以及附近的高大杨树上活动，没像前两天一样去外梁子觅食。几只小猴在云杉高大的枝头顶端玩耍闹腾，好不快活。

中午，猴群在监测站左侧的华山松附近休息，正中央的一棵华山松上，挤满了一个家庭约 10 来只猴子。

下午大部分时间，猴群都安静地待在树上休息。晚上七点，猴群已移至中间梁子第一个棚子附近啃食树叶，一直到七点半天快黑的时候，仍有猴子在活动。

2006 年 5 月 16 日　晴

天气很好，猴群中大部分都下到了监测站后山。杨所长上山检查工作，还进到棚子里观察了一会儿，数到有 6 只新生猴。全雄单元是最后下来的，但没来多少。

下午见到白头家庭的 2 只母猴争抢食物，白头走过来调解时，竟然去追打年幼一些的母猴，看得出来年长的比较得宠。家庭里的母猴也有主次之分，和古代三宫六院一样，有一个“皇后”一样的大老婆，其他母猴都怕它，也有一些家长宠幸的“妃子”，它们常常引起其他母猴的嫉妒和不满，后宫之间的战争也从来没有消停过。

2006 年 5 月 17 日　晴

早上天刚刚亮，猴群便开始活动。我们首先观察到几只雄猴在树林中作威，紧跟着就有猴子跳跃着向山下移动。猴子边走边吃树叶、树芽，前前后后拉了很长的距离。过了很久，仍然还有几只猴子在过夜的林子里活动。

中午吃饭的时候，队员们在一起讨论了一下，姚辉说，这几天见到的公猴数量变少了，余辉亮说他也注意到了这一点，担心全雄单元里是不是有 7 只公猴已经走远。所以，大家决定下午让杨敬龙和张玉铭跑去找找看。

2006年5月18日　晴转雷阵雨

昨天去察看全雄单元去向的人员在中梁子附近看到了11只公猴，这样来看，猴群没有走远。

下午两点多，猴群醒来后突然不知去向，但能听见金丝猴的叫声。我们跑到步游道那边察看，见有几只小猴在往外梁子跳，一边玩耍嬉戏，之后猴群就在那里休息下来。没多久天就变了，雷声阵阵，乌云翻滚，不一会儿就下起雨来，雨声中传来猴子的声音。我们循声找去，发现猴子又冒雨来到头道沟里，采食喜欢的槭树叶。一个刚出生的小猴被母亲甩在一边，自个儿吊着攀援。之后，猴群慢慢转移到云杉下面，从那里往一大一小两棵华山松处移动，当晚宿于正槽里。

小婴猴吊着玩耍

2006年5月19日　晴

今早五点四十五分左右，队员们起来寻找猴群，找了很久，直到爬上第二个棚子才看到它们，金丝猴们正在那里攀援跳跃、哺乳幼仔、追逐玩耍、拥抱理毛、嚼食枝叶……约20分钟后，有个青年猴发现了观察的队员，吓了一跳，立即发出警报声，但其他金丝猴看上去毫不理会，仍然各自忙活。接下来，青年猴的好奇心竟然驱使它走到我们跟前，歪着脑袋圆睁着眼睛死死盯着大家，还发出也许只有它自己才能听懂的声音，时不时地冲我们龇牙咧嘴。余辉亮也学着它的样子张嘴，它盯了一会儿，就自个跳开，去吃花楸的叶子了。

又过了10多分钟，猴群大概也玩够了，便慢慢地往歪树旁移动。猴群在那一带休息到十一点多，才下到监测站后面。

2006年5月20日　晴

今天逢全国自然保护区生态旅游会议在神农架自然保护区召开，国家林业局野生动植物保护司司长等官方代表出席会议，并定于今天前来大龙潭，参观视察我们的保护工作。

来访人员仍和工作人员一样躲在观察棚中远观，不过还是有几只全雄单元的公猴，包括大胆，来到了近前，这样可以清晰地看到公猴们蓝色的面孔、上仰的鼻孔、棕红的头毛和金黄的披肩长发，还有它们张嘴时那尖利的犬牙。

公猴近照

2006年5月21日 阴转雨

猴群前晚歇息的地方，离外侧梁子的第一沟较近，已经远离了它们经常活动的区域，因此队员们很早就赶去猴群休息的地方蹲守。

守了半个多小时，猴群就开始活动，摘吃嫩叶、树芽，快到七点，稍微休息了半个多小时，然后又开始觅食。长毛家的一只母猴把小猴独自留在一棵碗口粗的树上，小猴在叫，但并没吵闹和发脾气，安闲地在吊在树上玩耍，而余辉亮走近的时候，却把小猴吓坏了，它哇哇大叫并往高处爬。母猴见状，报警一声，随后爬到小猴附近，看了一眼之后，才不慌不忙地把小猴抱在怀里。

之后变天了，噼里啪啦地掉起了雨点，并逐渐变大。猴群随之安静下来，躲在浓密的树叶下避雨休息。

母猴把小猴抱在怀里

2006 年 5 月 22 日 晴

早晨，太阳还没出来，所长杨敬元开着车子拉来物资，廖局长匆忙下了车，端着望远镜观察冷杉林方向。早起的杨敬文已经上山看猴子去了，回来碰到廖局长，称猴子还没起来。今天天气很热，大早上，气温已经飙到 25 摄氏度。

吃饭时，大家坐在一起汇报工作：目前猴群已经相当稳定。廖局长对目前队员们与猴子之间建立的关系非常满意，提出进一步的工作计划是：详细记录猴群的活动规律，细分到每只猴子日常的生活习惯，以严谨的态度，为研究金丝猴社会提供第一手资料。

上午有 3 只全雄单元的猴子四仰八叉地躺在地上休息，期间有些青年猴和小猴成群结队地在它们附近的树枝上追逐玩耍，好像是害怕打扰其他猴子休息，它们很自觉地保持安静。

约 2 个多小时后，先后有猴子开始跳动，斜着往上缓慢地迁移，但我们很难追踪到它们的身影，估计它们一路顺着那些低矮的灌木和小乔木移动，最后移至歪树一带。

2006 年 5 月 23 日 晴

上午，大胆和几只公猴来到河边觅食，我们发现它们正在采食一种土名叫“蹦芝麻”的草本植物，而且吃得特别有味。询问得知，这种植物叫“凤仙花”，当地还用它来做菜。

下午，余辉亮等人带了一个竹筐，到海拔低一些的地方摘了一大筐凤仙花带回监测站。刚把筐子搬到棚子旁边，大胆就带着 2 只和它差不多大的公猴过来了。大胆不是特别怕人，从筐里抓了一把凤仙花就塞进嘴里，另外两只公猴在远处观望，但当工作人员拿了一些凤仙花甩过去时，它们还是安然地捡起来吃了，也没远去或爬上树躲着吃。看来长期观望大胆一个猴主动跟人接近，吃香喝辣，它们也开始放松警惕了。

2006年5月24日　小到中雨

早上开始下雨，并且越下越大，全天几乎没有停的时候。已断流很久的小溪，下午开始涨水。

猴们全天就在雨中休息、吃食，很少活动、玩耍。之前出生的小婴猴被水淋湿以后，身上长长的、毛尖为黑色的针毛粘在一起，露出白色的绒毛来。原来，婴猴的毛多数还是白色，只是黑色针毛均匀分散，把本来的面目挡住了。

2006年5月25日　雨

中午在山梁上找到一窝眼纹噪鹛，它所筑巢的黄杨树下有卵壳，估计小鸟已出雏。回来的时候，又在树下捡到一个已经冷却的卵，壳上有裂口，不知是雏鸟啄破的还是摔破的。

我们把鸟卵拿到棚子里观察，心想这可能是一枚未受精而遭遗弃的卵，但又不敢肯定，于是顺着裂口扒了个口子，发现了一只冰冷的却已完全成形的雏鸟，碰了碰它，竟还能动弹！我们赶紧找了点卫生纸，把剥了一半的卵包好，放在腋下保温。没过多久，雏鸟恢复过来，动作变大了，嘴巴还在一张一合，身体蠕动并试图出壳。于是，我们一直小心地捂着它。下午，将出壳的小鸟放回了鸟窝，但愿它能成活下来。

2006年5月26日　雨转晴

这几天的天气都很不稳定，像小孩子的脸说变就变。没多久，黑云翻滚由西边涌来，风很大，雾气笼罩下来，立刻就看不清对面山中的情况了。很多猴都被强风从树冠层赶下来，坐在树干下部较为粗壮的横枝上休息。在雨雾和狂风中，猴群安静了数小时。

约3小时之后，雾散雨停，再放晴，猴群开始集体向东侧平移，到达头道沟较低的位置。在那里觅食一阵，约半个多小时后猴群离开，慢慢攀援迁移至右侧的枯冷杉附近，多在林下活动。

晚上七点，天全黑了，猴群就又上到树上休息了。

2006年5月27日　晴

早上五点四十分就有猴子开始活动，四处寻找树叶吃，自行移往高处，之后到达歪树附近，十点才返回监测站后山。

中午余辉亮、杨敬文和张玉铭去采了一大袋漆树、青荚叶、独活、卫矛、梾木、楤木及刺五加等叶子，然后运到监测站投放给猴子。金丝猴们吃完后又返回原处休息，猴群便在那一小丛矮冷杉附近停住，只看到数只青少年猴和婴幼猴在那玩了一个多小时。再以后，猴群上移，一度移至大小华山松以上的位置。到我们晚上回去时，猴群又移到歪树附近。

2006年5月28日　晴

观察全雄单元的猴子，我们发现，几只大公猴常常聚在一起活动，大胆则习惯于跟它的“同龄猴”们一同出没。

全雄单元的组成可以说是一个复合体，里面既有被夺位失去家长位置的老公猴，也有不识世面亚成年的小公猴。小公猴成年后会被家长赶到全雄单元里去，长大后它们要么去勾引一些母猴成家；要么和其他单身雄猴一样，在长得足够强壮时，去打败它的父亲或其他的家长，自立门户；如果实力一直弱小，就只能一辈子当光棍，偶尔偷情。

2006年5月29日　晴

一只比大胆小一两岁的亚成年公猴是它最要好的朋友，这只青年猴的胆子也逐渐被带大。今天，工作人员在递给大胆一把云雾草后，也试着给它递去一把，想不到这家伙还真接住了。它于是成了第二个敢从我们手里获取食物的猴子，不过还是跟大胆当初一样，拿到之后，就飞快地上树了。

相信在大胆和一些公猴的带领下，金丝猴们对人的警惕心理会逐渐降低。我们发现了越来越多好的迹象。

2006年5月30日　晴

清晨气温很低，我们步行到监测站时，寒气嗖嗖地往衣缝里钻，地上、蜂箱覆板上、草上、视频箱上都凝有白花花的霜。也许是天气寒冷的缘故，爬上山找到猴群时，它们都还在休息当中。

下午，队员们在桦树上寻找桦树叶蜂的茧，在一棵高大的桦树树干上，剥开树皮，发现里面藏了非常多，剥开几个看看，吃一大惊：虫体黑乎乎的，腿脚、复眼、口器、触须都已长全，只有翅膀的发育尚待时日，暂且不怎么爱动。照此情况看来，过不了多久，叶蜂就要羽化飞升了！

2006年5月31日　晴转阴

长毛家庭逐渐稳定，表现也比以前大胆了一些，敢和其他两个家庭在一起觅食了，不过它们还是躲在角落里，不去和其他家庭抢食。

金丝猴家庭成员的变动、更换频率是很高的，只要有公猴向家长挑战并连续多次获胜后，它就成为了新家长，而其他家庭猴也会欣然接受这位更强大的新家长；同时，也会出现新家长抢夺老家长的部分妻妾，而老家长还带着另外一些苟延残喘的情况。

2006 年 6 月 1 日　晴

上午，工作人员前脚刚离开补食点，猴们即跟着下树来采食，整个采食过程约摸持续了 1 个多小时。吃完后，猴们都爬上枝头安静地晒太阳，一晒就是 2 个多小时。

十二点二十五分，猴子仍待在原地没动，但在地上发现了两三堆较稀的淡黄色粪便，可能是胡萝卜吃得过多、食物单一的结果。下午一点半左右，我们上去看了一次，有 2 只公猴待在横木上相拥睡觉，看见我们，也只是抬了抬头，并未离开。

2006 年 6 月 2 日　晴

上午，不少小猴子来到监测站外侧的冷杉林游戏，有些在树上蹦来跳去，弄得树枝乱颤，有些则在地上抱着打滚。猴群吃完早饭后，有一个大家庭就近爬到右侧的一棵冷杉枯木上休息，共计 1 雄 6 雌 1 青年猴加 4 只小猴。不远处，小猴玩性仍不减，在树上翻飞跳跃。

大约下午三点，猴群休息完毕，往外梁子移动，在头道沟附近吃树叶，队员们则静静地待在猴群前面。吃得差不多了，猴群回到第二个槽里休息了约摸 2 个多小时，又朝外侧移了一些，后来还是折回，慢慢爬升到华山松林子里，继而又往里移至云杉中间的正槽那里休息。

2006 年 6 月 3 日　雾有小雨

上午下起小雨，又起了大雾，队员们早早地就上山去了，猴群则在中梁子第二个棚子附近一带活动。等到队员们返回观景台没多久，就看见猴群下来觅食。吃完后，猴群就在苹果区周围安静地休息，几只公猴集群在离公路很近的一棵冷杉树上休息。

2006年6月4日　晴

6月以来，“大胆”越来越胆大，和工作人员近距离接触的次数越来越多。

下午，猴群自发前往苹果区采食。最先到达的是3只雄猴，它们吃饱离开后，长毛的四口之家先行到达，然后两个大家庭也赶来。但它们只吃了半小时便离开，往中间梁子移动，依次经过了歪树、中梁子杨树林、大小华山松、伞形杨树，此时的位置已较高，离山顶近了。随后猴群慢了下来了，最后停留在云杉下的杨树林里栖息。

2006年6月5日　阴转雨

经过一段时间的调整，猴群又恢复了以前的规律，觅食的次数增多了，对树叶的需求也增多了，但吃的时间仍然不长，每次剩的也较多。

随着夏季的到来，队员们对猴群捉摸不定的行踪也变得空前紧张起来，每天都要等到它们睡下以后，方才回来，还要经常有人前往锁定猴群的位置及最新动向，这样才能更好地跟踪观察它们。

2006年6月6日　阴

今天，猴群六点多就下来，就近蹲在旁边高大的华山松、冷杉及其枯立木上休息。但七点半左右，一辆拖着塑料管的微型卡车打搅了它们的好梦，猴儿们明显受到惊扰，四散跳开。这让队员们很是恼火，但又没有办法。还好猴群就在附近休息，并没有走远。

下午，工作人员到林中观察猴群活动，刚进去，就惊动了外围的金丝猴。小金丝猴“哇哇”大叫起来，眨眼的一瞬间，金丝猴全跑开了，监测站上方冷杉树上的几只公猴跟着也跳走了。

2006 年 6 月 7 日　多云

今天四点半队员们便起床，外头黑漆漆的，只有少数几只鸟儿在叫，五点到达监测站时，鸟鸣已颇有阵势了，而金丝猴们也纷纷起床，开始慢慢移动，寻找丰盛的早餐。

上午，余辉亮到林中观察猴子，仍是小猴子最先报警，接着所有猴子都逃开了，只有“大胆”依旧淡定地坐在树枝上跟余辉亮对视。过了一会，“大胆”竟大摇大摆地下到地上，拿起余辉亮面前的桃子就开始啃，距离余辉亮最近只有 1 米。

下午也有零零星星的几波猴子下到苹果区吃食，照例吃的时间不是很长，但总的算起来，猴群全天进食的次数竟然不下七八次，这还不包括它们自己在树林里采食树叶。

金丝猴从考察队员手中取食桃子

2006年6月8日　阴转晴

小猴在吃一种蔷薇科小灌木的嫩叶

早上见到一只小猴在吃一种长满刺的蔷薇科藤状小灌木的嫩叶，以前很少见到它们取食这种植物，推测这只是动物的随机选择。

下午有另两只公猴跟着大胆活动，慢慢地移动到监测站后山上。当我们接近观察时，其他的金丝猴也移过来了，一些母猴、小猴也都下了地，但一见到我们，又全都一窝蜂地跑了！

2006年6月9日　晴

给金丝猴投喂樱桃、卫矛等树叶已有半个多月了，可就像它们对待苹果一样，刚开始很爱吃，过了一段时间后，似乎就丧失兴趣了，每次都会剩下很多。

我们把苹果、橘子、松萝等食物掺杂到树叶当中投喂，没想到隔了一段时间后，猴子又开始对树叶感兴趣了。看来，猴子也和人一样，如果经常吃一种食物，即便再好吃，吃多吃久了也就厌烦了，需时不时地换换口味才行。

2006年6月10日　晴

近来大胆的胆子越来越大了，它今天在中梁子的杨树底下，从杨敬龙手上接过了2个苹果以及一把云雾草，表现得非常友好和亲密。尽管如此，它的胆大也让我们最为头疼。比如说，它经常带着其他几个雄猴活动在猴群的边缘地带，而家庭猴群又总是追随着它们，因此我们老是担心它把猴群“拐走”。

其实，大胆与其他猴子唯一的不同之处仅仅在于它年轻、好奇，并且早早地认识到我们对它是无害的。它想突围，可能根本不是因为它想逃，而是想找个好地方更好地休息，或到外面找更多可口的食物，或在一个地方待久了想到处走走，仅此而已。

2006年6月11日 晴转雨

上午清点全雄单元时，发现增加了2个成员，应是刚刚被驱逐出家庭的少年雄猴，看上去依旧懵懵懂懂的，希望它们快点变得成熟起来。

大多数猴子早晚都在上部及边缘地带活动，几乎天天如此，可能是因为它们喜欢这一带的食物吧。另外，它们每晚都喜欢往高处跑，很有可能是想找个更高、更安静、更安全的栖息地。

2006年6月12日 阴

今天午休结束以后，猴群又在原地安静地停留了50分钟左右。之后，部分猴子仍在休息，部分由林下灌木和矮树丛攀援到外侧。

下午三点，整个猴群开始往外梁子移动时，部分猴子已经抵达了最外侧的梁子。没过多久，它们折而向上，之后又转而向里移到云杉、歪树那头，最后猴群就在华山松林子下面的树林里休息。

2006年6月13～15日 晴

几天来，猴群一直在测量点后面的苹果区活动。15日早上五点多，我们听到声音，但较远，山上队员回报，有几只雄猴已抵达云杉林，但家庭猴所处的位置并不高。约六

点时，有两家庭对峙，发生争斗，树林里声音很嘈杂，约10分钟后，一家庭离开，猴群随之安静下来。

七点半时，大部分猴子仍在休息，但有些小猴悄悄离开了家庭，三三两两地聚在一起玩耍。小猴玩了一会儿，累了，也安静下来，整个猴群都开始休息。

休息直到下午一点半左右结束，树林里再次喧哗起来，猴儿们逐渐醒了，四散寻找树叶吃，青少年猴则没那么专注，仍然花了大把时间在林间追逐玩耍。猴群一边吃树叶，一边慢慢移动到歪树下方，并开始往更高处移动，寻找过夜地点。

2006年6月16日　阴

八点半，猴子在监测站后面较高处的树冠层休息，有猴子独自搔痒，也有猴子相互理毛，很安静，偶尔还能听到猴子似呓语般的模糊叫声。不久后，猴群骚动起来，伴随有2只雄猴作威，跟着其他猴子大叫。

下午杨敬龙穿迷彩服躲在草地上拍照，虽然离猴子很近，但因为伪装得很好，猴群没怎么在意，因此拍到了不少高质量的照片。下午五点多，仍有大量猴子在监测站后山活动、吃食，3只刚出生的婴猴则凑在一起玩耍。

独自搔痒

也有中途醒过来发一会儿呆的

2006 年 6 月 17 日　晴

早上不到五点我们到达监测站时，已经能听到金丝猴的叫声了，判断猴群在华山松林子一带，估计已开始移动。上到外梁子第二个棚子附近时，我们听到雄猴的声音，知道雄猴还没动。从棚子向二道沟平移的过程中，声音渐多，看到一只雌猴在采食树叶。五点半我们到达云杉处，声音变得更加嘈杂，看见中间槽里，猴子一边移动，一边采食树叶，数量很多，有些位置比云杉还高。之后，猴群抵达华山松林子附近。

很早就有猴子到达监测站后山，全雄单元与家庭单元隔着一段距离，它们于六点二十分左右由二道沟的冷杉树向下移动，半小时后，家庭猴离开，全雄单元的公猴也于七点半前离开。接下来，全部猴子都进入休息阶段，位置均未变动，期间偶有报警声，乃人为干扰所致，也有中途醒过来，理一会儿毛，发一会儿呆的。

晚上七点多，猴群中的大部分都在歪树下面的矮灌木上吃树叶，青年猴和小猴都在树冠层下面，仍然边吃边玩。因树叶茂密，我们从远处看不太清。

2006 年 6 月 18 日　晴

早上八点半除一雄猴在监测站后面外，其余全部在树上休息。过了一会，监测站后面来了 8 只猴，均系一个家庭，其他家庭也正在向这边移动。姚辉投了一些树叶后留在附近观察，母猴和小猴畏畏缩缩地拿了一些树枝后迅速跑开，坐到一边吃起来，而全雄单元的猴子们则待在树上，无动于衷。快十点时，老杨又投了一捆卫矛树叶，全雄才下来。家庭单元下来的个体不多，部分家庭成员留在二道沟下面的冷杉树上。

中午时分，一个家长率先来到监测站，后面跟着它的妻妾，年幼个体在树阴里打斗嬉戏。其他家庭都在休息，偶尔发出声音，或理毛搔痒、四下张望，很少挪位置，全雄单元则聚在不远处休息。

而到了下午，数只雄猴在树林里作威，紧跟着有猴子往外跳，另有一只雄猴来到监测站，家庭猴则在二道沟离公路很近的地方吃树叶。

2006年6月19日 晴间多云

早上五点半听到猴子大叫，较远，据报在云杉附近。以后，它们先往下跳至大华山松上，几分钟后往监测站走去，一会儿其他家庭也跟着下来觅食。到七点时，绝大部分猴已吃完上树休息，个别好动的个体在玩耍。休息中，猴子偶尔叫几声，或理理毛挠挠痒，一个小婴猴在吊着玩耍，另外不时有小猴撒娇，其他的小猴也跟着起哄。

下午，猴群一直在歪树下面活动，这期间姚辉在金丝猴面前分2次放了3枚桃子。前两枚被短尾巴抢走，后面两青年猴紧随其后，但还是晚了一步，小一点的一只还试图到短尾巴嘴里去抢。

一个小婴猴在吊着玩耍

2006年6月20日 晴有阵雨

早晨，猴群全部安静休息，有时小猴撒娇合鸣、母猴安慰迎合。快到九点半时，华山松上的猴首先下来，其他树上的暂时按兵不动。

姚辉到树林中观察猴群活动，猴子就在他四周的树上蹦跳，也时有报警声传来，异常吵闹。

下午变天，下起阵雨，猴群在雨中更是安静，先前玩耍的小猴也回到各自的家庭里。2个多小时后天放晴，猴群到监测站觅食，猴群争食很激烈。老杨在苹果区拍照，食物吃完后，一些胆大的猴子又小心翼翼地到他身边抓了食物迅速跑开，胆小的就只能“望食兴叹”了。有3只婴猴在离人七八米处开心地玩耍，它们的父母也很放心。这期间，胆大的公猴吃得最久，也吃得最多。

2006年6月21～30日

这几天，猴群在监测站后山的高处攀援，采食树叶、树芽。有几只青少年猴和幼猴在第一个棚子不远处尽情地玩一种“跳水”游戏：爬到冷杉树尖上，后仰、起跳，腾空后旋转360度翻滚，身体快要触到下方树枝的时候，伸手准确无误地抓住，接着又和小伙伴们向树尖爬去……乐此不疲，即使偶有失误，也几乎不会掉到地上，因为越往下，枝桠越多。我们在旁边，看得如痴如醉。

25日，全雄公猴待在歪树上，家庭猴在全雄公猴下面的位置活动，采食树叶。不知为何，全雄单元竟然“内讧”起来，打得十分惨烈。次日，我们发现大胆的右臂和断尾公猴的左腿上都有伤口，在伤口周围的毛发上还可见少许淡红色血迹。

戏剧化的家庭变更

2006年7月1日～8月31日

经过1年多的共同生活，我们与这群猴子可以说从亲密的朋友成为了可以信赖的家人，至少对于我们，会倾尽全力照顾这些曾经长期漂泊在外的森林的孩子。

因为长期生活在一起，我们对大龙潭金丝猴部落的社会组织、行为进一步加深了了解，而最让队员们感兴趣的是它们戏剧化的家庭变更。

金丝猴社会由多个家庭和全雄单元组成，而金丝猴家庭遵守一夫多妻制，金丝猴家长需要凭借武力，占有更多的妻妾。

所以，金丝猴的家庭从来不会一成不变，这不，在短短2个月的时间内，我们就观察到一幕又一幕戏剧般的变化，偶尔高潮迭起，令人大跌眼镜：全雄单元当中年轻有为的“帅哥”大杨和大胆，迅速组建了家庭，脱离了光棍队伍；老家长长毛的地位日渐式微；红头家长重病难愈，独自出走，留下一堆孤儿寡母，正好被上位的雄猴大胆以及衰弱的家长长毛瓜分，进入新的家庭，而这些不断易主的雌性金丝猴，并没有对自己的前任表现出一丝眷恋，毅然投奔新的另一半，开始新的生活。这些故事发生的时候，我们用人类的情感去打量，难免感到一丝悲凉。

然而金丝猴的世界并没有人类纷繁复杂的情感，生存永远是第一位的。一个壮大的金丝猴家庭，必定有一个久经沙场、百战不殆的家长。

2006年7月1日 阵雨

少年猴在一起玩耍

一大早，局长廖明尧就上来视察工作，并进入猴群领地观察猴子的行为。

九点过六分，大部分猴仍在休息、理毛，一些年幼的个体在一起蹦跳游戏，一只少年猴下到监测站里觅食。

十点十六分，小新被三雄追打，跑至棚子附近。姚辉走过去递给它一根树枝，不接，等人走后才下到地上捡起，然后跑到树上去吃。沟那边监测站里的短尾巴看见小新走来，意欲夺其食物，小新只得跑开。

从十一点过五分到十二点半，猴群都在午休。

十二点四十五分，已有一些个体开始活动，少年猴在一起玩耍。

下午一点五十分，我们投桃一筐、树叶一捆，猴群旋即下来吃食，至下午两点四十分吃完，随后休息，直到下午四点十分。期间，偶有叫声，有时小猴凑在一起游戏。

下午六点二十八分，数雄聚在一起，却发出咕咕的声音，旁边凑着一只少年猴。小新独自攀援，寻树叶子吃。家庭猴中也有成员在吃树叶，也有坐着不动休息理毛的，年幼的个体则玩性不改。

2006年7月2日 阴

早上五点十五分，听到猴群声音，我们判断它们在歪树、华山松林一带活动，还有零散几声从更高的地方传来，当是全雄单元的猴子。

六点十分，长毛家庭由树上下到监测站。家庭中的一母猴向全雄单元的一只雄猴走去，并用眼睛瞪视对方，仗着其夫君在旁帮腔，雄猴胆怯，只得离开。

十点半，猴群在监测站附近安静下来开始休息，直到十二点十分。期间大胆在监测站觅食，另一雄猴躺在监测站左上方的地上打盹。

十二点四十七分，猴群合鸣一次。下午六点十分，猴群活动到歪树、华山松林一带，攀援、采食树叶。

2006 年 7 月 3 日　晴

八点五十八分，全雄猴坐在小路旁的大冷杉树上休息，家庭猴则聚在监测站外侧冷杉、华山松及周围一带，有的在搔痒、理毛，有的在游戏，时有叫声。

家庭猴聚在监测站外侧冷杉、华山松及周围一带

九点三十二分，长毛家庭进入监测站开始觅食，2只幼年猴游戏、打闹，滚到父亲脚下，嘴里呜呜呀呀地叫，长毛慈祥地把它们拉过来，幼年猴望着父亲又叫了几声，然后各自坐下。

下午四点三十七分，成年雄猴在叫，这边的家庭合鸣一次。离姚辉最近的家庭里，一婴猴独自荡秋千，一雌猴和她的孩子在互相理毛，其他休息。过了一会儿，猴群再次合鸣，有些猴子在攀援寻吃树叶。长毛家庭离得最近，它们都没睡，呆坐着。

下午五点二十分，白头家庭离开，剩了2只猴仍在监测站边缘吃食，这时另一家长冲过来把它们赶走。

下午七点四十五分，一只少年猴在前面开路，把它所在的家庭带到了小路上。

2006年7月4日　阴

早上五点二十分，云杉附近有家庭在骚动，一阵隐隐约约的打斗声从林间传来，全雄单元还没有吹响“起床号”，仍然在歪脖子树上闭目养神。20分钟后，猴群醒来，开始在附近采食树叶，呼应声此起彼伏。不久，3只雌猴不知何故大打出手，一只雌猴被另两只追赶，好似公猴作威一般向树上逃窜。

九点二十四分，红孩儿在跟一只2岁半左右的少年猴玩耍，枝桠间，它们的“自由体操”，耍得不亦乐乎。

下午两点十分，一只青年雌猴正在啃食树叶，家长走过来想拿走她的树枝，小母猴叫了几声，不从，家长遂作罢。

下午四点二十五分，红头家的猴子都来到林下，左顾右盼，无所事事的样子。一只婴猴的妈妈不知到哪里去了，由两个年轻的“哥哥”代为照看。它们试图亲近这个小弟弟，谁知竟惹得它吱哇乱叫，像一个刚刚投入陌生怀抱的婴儿，挣扎着想去找回它的妈妈。

2006 年 7 月 5 日　雨

早上五点四十分，全雄单元的一个“哨兵”，在监测站外侧的小冷杉林“噫”了一声，再踱步进入监测站，独自吃起吃树叶来，15 分钟酒足饭饱过后，又回到小冷杉林。我们推测此猴昨晚就在监测站周围活动，负责守卫整个猴群的安全。有了“哨兵”打头阵，其他猴子也陆续醒来，开始吱吱哇哇地往监测站方向移动，声音距离我们越来越近。不久，一只雌猴进入监测站，紧接着，全雄猴和白头家庭同时到达。

九点三十至十一点十分，猴群上树休息。下午两点十分，长毛家庭离开休息地到监测站觅食，估计它们忍气吞声惯了，早上一顿就没有吃饱。

2006 年 7 月 6 日　雨

早上八点五十七分，有家长在猴群当中作威，并向别的家庭发起攻击，双方家庭的雌猴和青年猴又是一阵吱哇乱叫，上下逃窜，场面十分混乱。不一会儿，全雄单元也有了响应，它们仍然打头阵，朝监测站方向腾跃而来。原来，火眼金睛的猴儿们，远远地望见我们在监测站后方投食树叶，为了独占一顿丰盛的早餐，猴群当中，硝烟四起。

十点半至十二点四十分，猴群多数集中在小冷杉林休息。期间十二点二十一分时，全雄单元到监测站后面转悠了一圈，试图搜罗一点残羹冷炙填饱肚子，但没有收获，它们只好到附近休息。

十二点四十三分，叫声渐多，有些金丝猴开始活动起来，它们从树上跳下来，四下转悠转悠，又跳上另一棵树。几只年纪相当的小猴聚在一起玩耍，互相追逐，好像无忧无虑的小孩子，永远那么中意荡秋千和捉迷藏的游戏。

下午三点五十分，我们到监测站后面投食树叶和水果，正坐在那里左顾右盼、若有所思的金丝猴们猝不及防，匆忙一哄而散。我们这次把食物投放在大华山松下的灌木林里，起初还担心这些谨小慎微的猴儿们会照例观望一阵，哪知道队员们后脚刚走，它们就迫不及待地下来抢食了。

下午五点五十分，金丝猴们向海拔高处攀爬，走两步，停下来漫不经心地采食一阵，又相互呼应着继续前进。下午六点五十四分，猴群叫声渐稀，天色也暗下来，森林结束了一天的生机，休息时间到了。

2006年7月7日　晴

早上九点二十五分，有一只雌猴趴在地上邀配，雄猴十分合作，连忙爬跨上去。

鉴于金丝猴“大胆”一直来的表现过于胆大，余辉亮决定对它进行一次详细观察，搞清楚它对工作人员的警惕心究竟还剩多少。余辉亮在树林当中找到“大胆”的时候，它正坐在5米开外的地方吃樱桃叶子，其他4只全雄猴距离他大约16米，都呆坐着，嘴里偶尔“哼哼”两声，或回应一下其他猴子，也漫不经心地随手揪下身旁的树叶塞进嘴里。见它们半天没有动静，余辉亮慢慢靠近“大胆”，同时故意弄出声响来，“大胆”瞥了他一眼，继续吃东西，丝毫不予理会。直到相隔1米多时，“大胆”方才停下来，跳到附近的一棵槭树上。余辉亮随后取了一根樱桃枝再次靠近，“大胆”依然不改胆大本色，从容下树，接过了樱桃枝；余辉亮又取了樱桃树枝去试探其他公猴，仅有2只效仿了“大胆”的行为。胆敢直接跟人接触的猴子的数量虽然很少，但这已经是一个质的飞跃了。

雄猴爬跨

下午三点五十四分，长毛家长在冷杉树上和一母猴交配。

下午五点，猴群往监测站高处移动，边走边享用这一天的晚餐。25分钟后，全雄单元打头阵，经过了三道沟，家庭猴紧随其后，但最后还是回到华山松林，玩耍嬉戏直到夜幕降临。

2006 年 7 月 8 日　晴

早上五点四十三分，猴群早早地醒来了，清晨一直在监测站后山上徘徊、觅食。七点二十分，太阳的光束已经覆盖了大龙潭最高的山头，猴群吃饱喝足后上树休息。

十点三十六分，运输材料的卡车开进大龙潭的公路，惊动了猴群，全雄“哨兵”似乎意识到“险情”降临，在林中如同闪电般疯狂跳跃、作威、报警。猴群迅速聚集。“险情”过后，猴群又马上恢复了安宁。

下午四点二十七分，大部分金丝猴都在树上休息，但彼此之间的呼应声仍然此起彼伏。

下午五点二十分，我们在监测站后山的苹果区投放了树叶，猴群争相下来，大快朵颐。约 1 个小时后，大部分金丝猴都已吃饱喝足，只剩下弱势家庭猴和全雄单元还在原地收拾“残局”。最先结束晚餐时间的猴子开始向小冷杉林攀爬，长夜将至。

2006 年 7 月 9 日　晴

清晨五点二十分，刚刚才见天光，金丝猴们就陆陆续续从梦中醒来了，但未见明显动静，只是时不时地相互呼应一阵。森林万物在它们合鸣的“晨曲”当中，也渐渐苏醒。

早上，白头家庭在监测站后山占据全雄单元昨晚的地盘，可怜的哨兵们只好委曲求全，找了另外一棵冷杉落脚。但白头也不敢得罪更加强势的家庭，这不，一见红头家长大摇大摆地驾临，连忙忍气吞声地带着一家老小逃跑，直到红头家庭离开，才又回来。

下午，队员们背了一篓子卫矛树叶到投食场投放，只听到周围树上群猴合唱，不知道是不是因为今天换了口味，它们的心情也变得格外好。

这天直到傍晚，猴群依然十分活跃，它们在林间自在“飞行”，从苹果区到二道沟，又从二道沟到华山松林，最后来到歪脖子树跟前，终于停止了骚动。森林入夜，静寂无声。

2006 年 7 月 10 日　阴有小雨

“地盘”之争无处不在，不仅仅存在于部落与部落、家庭和家庭之间。今天猴群觅食的时候，就被我们目睹了一场“后宫”里的争斗，始作俑者是长毛家的“正室”俊俊。午饭时分，大家原本各取所需，相安无事，俊俊偏偏看中了桔子的“地盘”，二话不说，就硬生生把桔子挤到一边。桔子委屈，抓挠俊俊，俊俊突然之间火冒三丈，抓住桔子头毛，和它扭打在一起。明显弱势的桔子害怕极了，全无还手之力，只好费力挣脱出来，迅速跑开。家长长毛见后宫起火，本想过去调解，但见它们死死拧在一起，还是决定作罢，一副视而不见、充耳不闻的做派，自顾吃食去了。

后宫起火的长毛家庭，又总是被别家欺负，即便是在白头家的大大和红头家的老金花——这两个老态龙钟的“太婆”的面前。今天，这两个老家伙又从长毛家庭抢食了。它们向来欺软怕硬，在自己的家庭常常抢不到食物，每当此时，总会听见它们干裂刺耳的嘶叫声。弱肉强食的丛林法则，无时无刻不在掌控着金丝猴的世界。

2006 年 7 月 11 ～ 12 日　小雨转阴

自从身先士卒的全雄单元开始接受我们手里的食物之后，情况越来越乐观。11 日上午，我们再次试着“手把手”向更多的金丝猴直接喂食，白头家庭和红头家庭的几只猴子也欣然接受了我们手里的食物，虽然它们仍然是抓到东西就跑，但不得不说，我们的人工补食试验又向前进展了一大步。日夜陪伴这些小家伙们的科考队员，都感到十分欣慰。

最大的功臣仍然是大胆，它就像金丝猴和人交际的“和谐使者”。有了这第一只“吃螃蟹的猴”，整个猴群与人拉近距离只是早晚的事。

2006 年 7 月 13 日　阴有阵雨

现在工作人员已经能和猴群保持 5 米以内的距离，而不致惊扰到它们。有了这个距离优势，科考队的拍摄和记录工作也变得更加频繁和便利了，从原来的长焦镜头拍摄、集体行为活动观察，逐渐转向聚焦式的细致观察，金丝猴的各种习性特征都被近距离地记录、存档，以做深入研究。

中午，廖局长一个人蹲在监测站后面的山坡上，观察猴群的进食活动。从队员们上山至今，已过去 1 年，现在聚居在大龙潭附近的猴群已经与队员们建立了良好的互动关系，野生金丝猴对人类的提防心理已经降到最低。

廖局长从山坡上下来，说看到一只婴猴从树枝上摔了下来，可能是母亲监管不力，婴猴急得在地上哇哇乱叫，因为距离监测站很近，几只母猴不敢贸易下到地面，到人类面前把孩子抱起，还是一只威武的大公猴，龇牙咧嘴，迅速弹到地面，一把抱着孩子，

聚焦式的细致观察

三下五除二就蹦到了树顶上，猴群又恢复了平静。

下午观察几个猴子的抢食情况时，发现金丝猴抢夺食物或者休息地点的行为，通常是由强势家庭向弱势家庭或者全雄单元实施。这在学术上叫做“取代”：当等级高的个体走过来时，等级低的个体必须马上让开此处，由等级高的个体占有该位置。

2006年7月14日　阴

早上五点五十五分，第一只金丝猴来到监测站觅食，竟然是一只母猴。早餐后，猴群攀援至华山松、冷杉的枝椏上相互依偎，睡觉休息。

下午三点三十四分，猴群往外梁子移动，找食树叶。下午四点四十二分，监测站后山传来激烈的打斗声，估计是为了占有更多的食物，家庭之间在争夺好地盘。

下午五点过九分，其他金丝猴已吃饱喝足，只剩下全雄单元和短尾巴还在吃东西。约1个小时后，天渐渐黑了，金丝猴们找到了各自的安乐窝，接二连三地上树休息。

2006年7月15日　晴

上午，长毛家庭的猴子蹲坐在林缘的一棵杨树上，全雄单元的“光棍儿”大杨在旁边的海棠树上赖着不走，竟然显露出“跟屁虫”的本色来，它眼巴巴地望着长毛家的雌猴，不时“噫”上一声。长毛家长见大杨不怀好意，猛地扑将过去。大杨也早有预感，在长毛刚有动机时，便及时跳到另一棵树上，然后从林下匆匆逃走，长毛追了20多米远返回。

可大杨仍然不依不饶，下午，长毛总算瞅准机会，找大杨干了一仗，大杨仍然是抱头鼠窜。但我们走近长毛观察，发现看似英勇的它竟然负了伤，眼睛上方被划出一道血口子，而落荒而逃的大杨虽然表现得很胆小，却安然无恙。

“大杨”是全雄单元里的一只成年雄猴，它和全雄单元里的另一只亚成年小公猴

大杨

"小杨"，是用科考队的两个亲兄弟——杨敬龙、杨敬文的别称"大老杨"、"小老杨"命名的。

2006 年 7 月 16 日　阴转多云

上午，大杨继续在长毛家庭附近咕咕哝哝，赖着不走。

中午，长毛家庭在水潭对面的山脚觅食，大杨再次趋近，长毛扬腿上前驱赶，大杨见势不妙,仍然走为上策。谁知长毛一路追打,只见两只猴子疯一般地奔跑,跨过河流,跑到水潭旁边的冷杉林，分别蹲坐在相距五六米的两棵冷杉树上，不动了。

家长跑了，家里却被乘虚而入，闹翻了天。白头家长跑进了长毛的地盘，追赶它的妻妾，桔子惧怕，似乎迫于淫威，只好俯下身子邀配，白头爬跨，数秒后停下，扬长而去。长毛远远地望见家人受欺负，急忙撇下对峙中的大杨，狂奔回来，但家中已然狼藉一片，一切都来不及了。长毛深知自己的武力不是白头的对手，也没有上前去报这一箭之仇，只是静静地回到了妻儿的身边。

长毛家长最近总是四面楚歌，很有一种壮士迟暮的悲凉，真让人为它捏了一把汗。

2006 年 7 月 17 日　多云

大杨仍然死皮赖脸地接近长毛家的猴子，但只要长毛一有动向，它立刻拔腿就跑。这磨死人不偿命的性格，使得长毛家长也对它失去了兴趣，没有像以前那样频繁死命地追打了。

大杨打架不厉害，但它是金丝猴群里温柔帅气的成年雄性，它有一双迷人的眼睛。

2006年7月18日　阴有中雨

如果说大杨和白头前天是碰巧打了场“配合”，那么这一回，就有一点狼狈为奸的意思了。上午，大杨再次去骚扰长毛家的猴子，惹得长毛忍无可忍，再次前去追赶大杨时，白头又乘虚而入，仍然与桔子大行云雨之事，长毛在远处看到，也没急着赶回，仍是继续追赶大杨。白头与桔子交配完后，为其理毛，并“噫、啊”乱叫了几声，然后白头下树离开。出人意料的是，桔子竟也跟着白头，进入了它的家庭。此刻，长毛似乎把全部怒火都撒在了大杨身上，它们狠狠地打了一架，打得自己半天缓不过劲来。回到家庭当中，长毛对妾室的出走，也没表现出异常。

桔子给“姨太”理毛

桔子正式成为了白头家的妾室。下午，这个新来的媳妇不辞辛苦，接连给白头家的6位“姨太”理毛，其中4位欣然接受，有2位还礼尚往来地给它也理了一番，而短尾巴和团团在桔子“讨好”时耍起了大牌，一阵吱哇乱叫，团团还一度抓挠桔子。白头见状，不高兴了，上前瞪咕短尾巴和团团2次，它俩才学老实了，干脆跳到一旁，对桔子不理不睬。

2006年7月19日　阵雨

上午，白头家庭的一只不受宠的母猴带着一只小母猴，竟然在长毛家庭活动，真不晓得它是怎么进入长毛家的,真是应了那句话“来而不往非礼也”！这只母猴,我们用“大龙潭欢迎你”的“你”字谐音命名为“妮妮”。

下午，妮妮一直追随长毛家庭活动，晚上投食的时候，也是和长毛家庭一起。晚上我们谈起此事，发现大家纷纷看见了妮妮和长毛家庭搅和在一起。看来长毛家长有失也有得，桔子跑了，妮妮来了。

2006年7月20日　晴转阴

昨天下了一夜的雨,上午到树林中观察猴群,发现林地经过雨水冲刷,变得干净了很多,特别是猴子粪便和食物残渣少了一些。如此一来，金丝猴的活动环境也变得相对卫生了。

今天天气晴朗，我们见到6对猴子互相理毛的场景，其中，有2只母猴在给一只公猴理毛，而这只公猴又在给另外一只母猴理毛，其乐融融，很是温馨。

2006年7月21日　晴转小雨

金丝猴体重虽然不大，但爆发力却惊人。以成年雄性“大胆”为例，它的体重也就在40斤左右，但如果你拿一截食物引诱它互比手劲，你不一定能抢过它。今天大胆在作威的时候，从一棵树跳到另一棵树上，脚步发力，竟然把一段直径8厘米粗的树枝蹬断。假如这一脚蹬在人的身上，可想而知，人必然遭受重伤。

2006年7月22日　阴有小雨

上午，红头家的天天和白头家的龙龙竟然有意无意地和靠近大杨。天天和龙龙是年轻的雌性金丝猴，它们喜欢大杨这种温柔又有魅力的雄性，一点都不奇怪。

下午，天天和龙龙跟着大杨连续活动了2个多小时，但并未有家长去追打大杨。我们推测两只母猴是红头和白头的女儿，故而见到它们主动出走，也并未强留。

2006年7月23日　阴

田思根早班回来，兴奋地告诉大家几天前才进入长毛家庭的妮妮，今天也被发现跟大杨在一起。妮妮几天内再次易主，大家都觉得未免太过戏剧化了，而大杨在短时间内，从全雄单元的普通哨兵，一跃成为妮妮、龙龙和天天3只母猴的家长，一个新的家庭从此产生了。而可怜的长毛家庭，只剩了一只小猴以及跟妮妮一同过来的小母猴跟随。

大杨成为家长后，表现得很是谨慎，觅食的时候，也是带着这三只雌猴选择一个离群较远的地方秘密进行。

大杨家庭

2006年7月24日　小雨

因为猴群的家庭结构刚刚变动，担心猴群骚动，我们天不亮就起床，顶着小雨跑到值班房，换上雨衣雨裤，顺着小路上山，却始终没能听见金丝猴的动静。不知是不是因为雨声太大的缘故，但我们仍然觉得不妙，开始担心金丝猴是否已走远。姚辉一边上山，一边唤猴，到了山顶也没听到任何动静，又朝山那边看了看，还是没有，正在犹疑是否应该继续追踪，吴锋电话告知金丝猴原来就在附近沟里，并未走远。姚辉心里的一块石头终于落了地，挂了电话，立即下山。

金丝猴就在小路附近。因为下雨，都各自找到茂密的树冠躲避，默默无言。吴锋最早发现大杨的时候，猴群已经开始四处觅食，却没看到大杨家的三只雌猴妮妮、龙龙和天天。直到金丝猴群都开始休息了，我们方才见到大杨一家聚在了一个角落里，距离其他家庭均较远。

2006年7月25日　阴有小雨

大杨家庭仍然离群索居，每次投食的时候，我们只好给它们单独开个小灶。

经历了四面楚歌的长毛家长显得萎靡不振，它的嘴唇上有污渍，眼角似乎还有血迹。姚辉还说它这两天有点拉稀，总是一副蔫蔫的样子，估计是经历了夺妻之痛过后，新任妻子又迅速弃它而去，它因此受到了双重打击。尽管如此，它对家庭当中仅剩的两名成员态度仍然十分恶劣，总是去抢它们嘴里的食物。前段时间跟随妮妮进入长毛家的年幼母猴，被我们唤作“娇娇”，取自一位工作人员女儿的名字。妮妮走了以后，它却留在了长毛的身边。

2006年7月26日　多云转阴

全雄单元的金丝猴也开始回避大杨了，只有几只亚成年的全雄猴偶尔蹲坐在离它较近的地方。

大杨当了家长之后，也和长毛及其他金丝猴家长一样，吃食时对自己的三妻四妾绝不谦让，这一点好像成了金丝猴家长的惯例，丝毫不去顾及家人是否填饱了肚子。

2006年7月27日　阴

上午，我们仔细观察长毛，发现它身上多处有伤，尤以眼睛和嘴唇处伤口最重，它的左眉处有一条横卧的血疤，眉毛像是被剃刀剃过，不剩几根，嘴唇上看似污渍的东西实为受伤后结的痂。

长毛和大杨算是有夺妻之仇，可两个家长近日来却相安无事，有点让人怀疑这是不是暴风雨来临前的宁静。

长毛挑战其他家长受重伤，嘴唇被撕裂

2006 年 7 月 28 日　晴有小雨

大杨终于敢在红头家庭附近觅食了。投食的时候，我们担心红头家庭哄抢食物，还是把大杨引到了远处投喂。不过，红头还是对大杨这个往日的兄弟动手了，但大杨好像很懂事的样子，也不等红头前来驱赶，见到红头即将发作的样子便带着三只母猴让出了位置。

2006 年 7 月 29 日　晴转阴

科考队来了 2 位新的同事，他们是中国科学院的杨邦河博士和北京林业大学的尉培龙硕士，主要从事金丝猴行为学和食性的研究，包括金丝猴争斗、友好行为的研究，金丝猴语言行为的研究，金丝猴生态学研究等。

工作人员今天从山下买来一袋花生，试着投放给金丝猴们，但是它们对这种陌生的食物似乎没有丝毫的兴趣，走到花生跟前了也还是不闻不问。

2006 年 7 月 30 日　晴转多云

上午，观察记录表用完了，姚辉下山到局打印室打印。通过 1 年多的记录，观察记录表已经积累了厚厚的一摞，科考队也基本摸清了金丝猴的食性、语言和行为的种类，接下来，将研究继续分析这些行为的意义和关联。

下午，猴群活动到监测站后山，长毛家的猴子落在了最后，几只全雄猴追赶娇娇，长

红脸和一撮毛

毛前去营救，先是追撵红脸，接着对波波、牛牛等小公猴穷追猛打，累了个气喘吁吁，方才打消了这些“光棍汉”的念头。

我们今天把花生米剥出来，跟剥好的松子混在一起，投递给猴儿们吃，没想到它们对此欣然接受，把松子和花生米全都吃得一干二净。

2006 年 7 月 31 日　晴转阵雨

上午天晴，猴群还比较融洽，长毛和大杨没靠太近，家长们也未去追赶全雄猴或作威，大部分猴子都在睡觉，零散见到几只猴子互相理毛。

中午以后，从东边飘来很多乌云，半个小时不到，天上就变得黑压压一片，雨水倾盆而下。眼看雨越下越大，在林中跟踪猴群的工作人员不得不就近找到凸出的山岩避雨。而猴群顿时在密林当中消失得无影无踪。

今天，我们从木鱼镇直接买来了花生米，继续向猴群投喂。它们对这种耳目一新的零食，似乎感觉良好，迅速接受了。

2006 年 8 月 1 日　多云有阵雨

上午，大杨家庭和长毛家庭相隔不远，正在吃食，长毛突然发疯似的追赶龙龙和天天，吓得它们跑得远远的。大杨见到家中妇孺被欺负，立即回援，勇敢地扑向长毛。一时间树木雷动，天昏地暗，它们留神不到脚下，打着打着就从树上掉了下来，但二位勇士丝毫没有停歇的意思，很快又撕咬在了一起。

打了两三分钟，大杨先离开，爬上了娇娇蹲坐的那棵松树，路过时还顺手牵羊从娇娇那里拿走一个桃子，最后在娇娇头顶上约 1.5 米的枝桠上坐下。这是否意味着大杨赢得了这场战争的胜利？

2006年8月2日　阴有小雨

欢欢抱起小猴回到原处

上午，白头家的团团再次和欢欢抢食，两只猴因此厮打在一起，互相抓住对方头毛在地上滚打。后来，白头家的短尾巴和大大也"咯咯"地加入进来抓挠欢欢，欢欢以一敌三，只好犟脱，狼狈逃窜了10多米远，独自蹲坐在一棵树上，而白头并没有像前几天那样瞪咕其他母猴，维护欢欢，只有它的小猴"吱吱哇哇"地奔向它独自蹲坐的大树。欢欢见状，下树把它抱在怀里，回到原处。

下午，欢欢还是表现得十分惧怕白头家的母猴，吃食的时候也是独自待在一个角落里，和猴群相距甚远。

2006年8月3日　晴

早晨猴群下山时，白头家走在最后，而欢欢则被众猴落在了队伍的尾巴上。我们发现欢欢的眼睛旁边有伤痕，推测是昨天被母猴群攻时受伤的。

中午，白头带着大杨、红头前去山腰追撵全雄单元，并在那里的冷杉树上作威。长毛并没有跟去，仍是躲在树林边沿，等白头刚一离开，便前去靠近了最近被白头家庭打入"冷宫"的欢欢。长毛上树后并没有与之交配，而是温柔地为其理毛，期间欢欢"呃呃"叫了两声。

重回四口之家的长毛家庭

白头回到家庭的时候，欢欢已经跟着长毛来到了它的地盘，明显是因为在白头家庭受到冷落，又经不住长毛的温柔攻势，于是叛离了家庭。长毛家庭又回到了四口之家——欢欢、娇娇和那只小猴。而白头回来后并没有对这个出走的母猴表现出愤怒，也未找长毛一报夺妻之仇。

猴群家庭的妻妾之争，总是螳螂捕蝉，黄雀在后。看似漫不经心的猴儿们，却十分懂得暗中观察，把握时机。

2006 年 8 月 4 日　晴转多云

上午，大杨家庭和长毛家庭离得很近，大杨突然去追撵欢欢，长毛上前营救，和大杨扭打在一起，打斗数秒后两只猴子分开。大杨慌不择路，竟然跳到了长毛家刚才蹲坐的树上，蹲在了欢欢的上层枝桠，长毛随后跟上来，和欢欢挨坐在一起。大杨、长毛和欢欢就这样"对峙"了几分钟。大家不禁叫好：大杨好样的，也敢和长毛互打了，还没吃什么亏。几分钟后，大杨直接从上层树枝跃到了另一棵树上，接着又穿越了 3 棵树，回到自己家庭的母猴中间。

下午由红头家庭打头阵，猴群往山顶方向移动，很多猴子都是顺地爬行，二十几分钟后便从水潭山脚爬到了山顶。工作人员一路跟了上去，见猴子翻过山梁，找到一些楤木，然后便在树上扯食树叶。

2006 年 8 月 5 日　阴有小雨转多云

早晨，天上飘着雨星，余辉亮到水潭唤猴，也丝毫不用担心被雨淋湿。树林中的鸟叫声非常单调，据余辉亮观察，是一种体型很小的鹡鸰，在林间呈波浪形路线飞翔。

余辉亮有节奏地晃动花生盆，花生与盆沿撞击，发出脆响，同时大声呼唤"开饭了……"试图以此作为人工唤引捕食的指令。尚在山顶的猴子听到两种声音过后，"噫"的回应声此起彼伏，不一会儿便看见猴子们接连下山，密密麻麻地布满了山坡的扇面。待到猴子来到山脚，余辉亮把花生投喂给了它们。

就像火燃了要往里面加柴一样，“开饭了”是工作人员自然而然想到的唤引猴子的办法，好像狗懂得摇铃声是唤它回去吃饭的意思，金丝猴也很快理解了这个喊声的意义。

十点以后，雨停了。中午时分，乌云散去，山林中变得明亮起来，之后太阳光间断地照进了山洼。一些树叶上还挂着雨水，被阳光照射过后，犹如璀璨的宝石明珠一般。

2006 年 8 月 6 日　晴

长毛还是只有娇娇和那只小公猴紧紧追随，欢欢则像个尾巴一样，远远地落在后面，很少来到长毛身边。

下午，全雄单元里的小强来到长毛家庭附近取食，长毛对这个入侵者，并没有表现太大敌意，只是“咯咯”叫了两声，便听之任之了。

今天晚上科考队的成员在一起开会讨论时，不约而同地提出一个问题，连续喂了几天的花生米，虽然猴儿们对这种外来食物甚是喜欢，但毕竟不太卫生，可能会有农药、细菌、杀虫剂、防腐剂残余的危险。是否可以尝试投喂带壳的花生？尽管目前它们似乎没有兴趣，但或许可以一试？

2006 年 8 月 7 日　晴转多云

上午猴群在三岔沟东侧山腰活动，长毛家庭在猴群的前端，欢欢不再掉在长毛家庭的尾巴上，而是和长毛走到了一起，相反，娇娇却跟它们隔得远远的。

大杨家庭已不像上个月一样畏畏缩缩了，下午猴群觅食的时候，大杨家的几只母猴一度靠近红头家庭，红头并未上去攻击。

今天，我们在监测站后山的苹果区投放了带壳的花生，在它们下地觅食的时候，几位队员分散几处，在它们的视野范围内“示范”剥食，但大部分的猴子对此视而不见，只有几只猴子对花生感到几分好奇，拿在手里，又迅速丢开。

2006年8月8日　晴转阴

上午，娇娇再也没有出现在长毛家庭，一番寻找之后，我们发现它竟然待在了大杨家庭占据的大树上，正为大杨家的母猴龙龙理毛。昨晚猴群上山休息的时候，它还跟着长毛，没想到这么快就“移情别恋”。我们推测它是早上猴群下山的时候，改投大杨家的。

娇娇跟了大杨之后，长毛也没和这位几度夺妻的宿敌打斗，对此似乎欣然接受了。娇娇算起来应该是团团的孩子，今年也就3岁不到，身体的第二性征还没有显露出来，推测公猴对它的兴趣还不大。

2006年8月9日　晴转多云

娇娇改投大杨之后，大杨家庭看上去稳定了下来，不管觅食、移动、休息，都和其他家庭一同进行；长毛家庭也较以前稳定，长毛变得平和很多，很少再主动追打全雄单元了，也基本能和其他家庭和睦相处了。让人匪夷所思的是，全雄单元里的小强竟一

又成三口之家的长毛家庭

直跟随着它，也不回全雄单元里了，有时还扑在长毛怀里撒娇，好生奇怪！

今天，我们继续在猴儿们面前“表演”如何剥食花生，尽管只有短短2天的时间，意想不到的事情却发生了：部分猴子开始捡食花生，学着我们的模样，剥开壳子，将花生米喂进嘴里，但动作还十分笨拙，剥出来的花生米常常落在地上。

2006年8月10日　晴转多云

下午两点，正在水潭对面树林里休息的猴子，突然全部醒来，并接连有猴子发出“夸……夸……”的叫声，很多猴子都爬上树顶向水潭北边山腰观望，难道是那边来了另外一群猴子？姚辉和吴锋马上穿过猴群，到它们上方的山腰一探究竟。果不其然，面对山上的一片林木在晃动，偶尔能看到几个金丝猴的身影从茂密的枝叶当中跳将出来。姚辉电话通知其他人到对面山察看，杨敬文迅速来到那群猴子下方，听叫声和看林木晃动范围，推测过路的猴群有40多只。不过，还好和我们的大龙潭部落有一河之隔，没有发生交集。后来这群猴子发现有人靠近，突地接连报警，并向山顶逃去，最后翻过了山脊，大龙潭部落也随之安静下来。

今天，大部分猴子都开始有模有样地吃起花生来。想不到金丝猴对于这种坚果类食物的接受过程如此之快，大胆更是毫不客气地从人手里抓了吃。

晚上几位队员在一起讨论认为，等到金丝猴完全适应这种食物以后，可以考虑把花生作为一种诱引工具使用。

2006年8月11日　多云

上午猴群正在觅食，长毛突然冲向一只小公猴，将它推倒在地，小公猴吓得“啊啊”直叫，长毛却未做停留，继续向远处狂奔而去，爬上了20多米外的一棵华山松树，并在树枝间剧烈跳动，像是在作威。

下午猴群越过河流，到水潭旁边的树林里活动。这片林子猴群下来的次数很少，但每次下来，猴群都会变得很活跃，特别是一些青年猴，经常故意把树木下层的枯枝蹬断或掰断。

2006年8月12日　晴

红头变得十分萎靡，上午和下午猴群觅食的时候，白头家和大杨家的猴子分别去抢它家的食物，红头家的母猴接连发出各种委屈叫声，红头均是置之不理。它自己取食情况也不好，食量减少了很多。

年初红头还是猴群里最为强壮、最能征善战的猴子，我们不得不怀疑它是否得了重病。

2006年8月13日　晴

早晨猴群下山的时候，我们没有从中发现红头家的猴子，于是分头上山搜寻，在山腰处发现了它们，红头家的猴子正在摘食树叶，而红头独自蹲在一棵杨树上发呆。后来杨敬龙带了苹果给红头家“开小灶”，引得母猴一阵哄抢，红头却对苹果兴趣不大，并未主动上前抢食，而是待到妻妾儿女吃饱喝足走了过后，才慢吞吞地往山下迁移。

红头坐在杨树上发呆

晚饭的时候，别的猴子争先觅食，红头却仍然吃得很少。我们越来越怀疑它的身体正在经受病痛的煎熬。下午五点，姚辉取了苹果单独扔给红头，红头吃了一些，见它家的母猴也上来抢食，姚辉便把多余的苹果扔给了它的母猴。

2006 年 8 月 14 日　晴

上午继续观察红头，发现它不仅跳跃和走动速度变慢许多，就是和母猴交配的情况也变得极少，精神状态十分萎靡，吃饭时间也只是带着家庭进入苹果区，当妻妾子女和其他家庭发生争执时，却心有余而力不足，只是坐在地上望着，从不出手。

我们对红头进行了仔细的身体检查，发现它没有外伤，粪便不稀，也无体外病症、排液等特征，推测红头所患是内部疾病。我们经过多方联系，打算从武汉请来专家为红头诊治。

2006 年 8 月 15 日　暴雨转阵雨

早上暴雨，我们好不容易找到了猴群，但仍然和昨天一样，不见红头家庭。我们上到山顶继续寻找，红头家庭的猴子正在一处密林当中避雨，唯独不见红头。我们用花生把红头家的母猴和小猴唤引下山。

之后的时间，我们留下少数人看护猴群，其他人上山寻找红头，结果花了一天的时间，把红石沟、小龙潭、三岔沟、短槽、面坡淌都找了个遍，还是没发现任何迹象。红头体弱，不可能走得太远，我们推测，它是找个地方藏起来了。

2006 年 8 月 16 日　晴

一天过去了，红头仍然不知所踪，我们推测它知道自己生命将要走到尽头，于是独自离开了猴群。我们随之退邀了武汉的专家。

在金丝猴的世界里，走向死亡的过程异常孤苦和凄凉，伤残、患病或者风烛残年的猴子，不管是德高望重的家长猴，还是地位底下的全雄猴，都会被部落无情抛弃，独自等待死亡。有时候，当它们知道自己命不久矣，也会默默离开，决不让同类见证自己离世的一刻。

红头家的猴子没有了家长，变得异常不稳定，先是长毛追赶这些失去了夫君的母猴，随之长毛、大胆、白头也加入了追赶行列。下午四点，红头家的猴子散落到四面八方，可半小时过后，这些母猴又自动聚到了一起。长毛见状，再次前去追赶，刚好大胆也动了心思，朝红头家的母猴直扑过去，于是场面就变成了长毛和大胆针锋相对的“争夺战”，胆小的长毛发觉后，急速向另一个方向逃跑，大胆则停下，爬上母猴们旁边的一棵树。可能是因为惧怕大胆，长毛再也没直接进入红头家庭当中。

2006年8月17日　晴转多云

红头家长已经离开家庭3天了，可是它家的母猴们还是天天聚在一起，似乎一直在等待红头家长归来。它们还不知道自己朝夕相处的夫君，已经孤身一人，离群而去。

中午，长毛再次接近红头家的母猴，这次是大胆主动出手前去驱赶，长毛照样调头就跑。得到便宜的大胆于是蹦跳到红头家的母猴中间，对雌猴们张嘴示好。向来横行霸道的白头，则在远处自个蹲坐着，对大胆的行为置之不理，似乎与它无关一样。

大胆张嘴示好

大胆家庭

2006 年 8 月 18 日　晴间多云

上午猴群下山后，我们发现家庭格局有了变化：白头家和大杨家的猴子没有变动，而原来红头家和长毛家的猴子却由长毛和大胆进行了新一轮分配，俊俊、宝宝和 2 只小猴跟了大胆，其他 4 只母猴却跟了弱势的长毛，很叫人吃惊。

大龙潭部落经历了一番变化后，变为了 4 个家庭。就在这短短的 20 多天，大杨戏剧化地当上了家长；红头主动离群；大胆、长毛渔翁得利，各取所好，家庭得以壮大。

长毛家庭变动过后，红头的妻小跟长毛相处融洽，它自己也变得精力十足，似乎找回了一度失去的攻击性，经常袭击大杨的雌猴，为此没少和大杨打斗。

2006 年 8 月 19 日　晴

猴群经常活动到水潭西南面的山腰，就是水潭与三岔沟之间的位置，那里多是灌木，有很多植物可供金丝猴取食。上午，余辉亮带人在那里建立了一个植物监测样方，主要是监测金丝猴对植被的利用程度。

温度好像降低了不少，下午五点之后尤其明显，我们不得不穿上了薄的毛衣。

红头不见了之后，红头的妻小并没显露出悲戚之色，欣然跟随新的家长一起活动。这难免让大家感怀世事无情，猴类的情感果然不比人类纷繁复杂，唯有生存第一。

2006 年 8 月 20 日　晴转多云

上午猴群觅食的时候，长毛突然追打家庭里的小公猴辉辉，辉辉被抓到一次，发出“哇哇”的悲叫声才犟脱跑开。长毛并未下狠手，之后我们观察辉辉，并没有发现伤痕。不过，辉辉算是见识了长毛家长的威严，一天都对自己的家庭退避三舍，取食时也不敢

接近。

我们明白，长毛这是有意要将辉辉扫地出门了。在金丝猴部落当中，当年幼的公猴长到三四岁，就会被家长驱逐，此时的个体，大致相当于15周岁的少年，精力充沛，身体也正在日益强健，它们需要进入全雄单元，接受成为一名战士的训练。家长易位的时候，这种变更则会提前到来，一位日益衰老的家长，怎么会容忍一位身强力壮的小伙儿，成为自己身边潜在的威胁？

下午给猴群投喂云雾草的时候，见辉辉独自蹲坐在长毛家庭附近的一棵冷杉树上，不知所措，十分可怜。我们只好给它单独开了"小灶"，辉辉接过云雾草的时候，嘴里还发出委屈的哼哼声。它大概还不清楚自己的处境，家长易位后，青年公猴必须离开，不过长毛的这顿铁拳好像让它有些明白了。

2006年8月21日　阴有小雨

上午见到辉辉在给全雄单元的波波理毛，猴群移动时，它也一直跟着全雄单元的队伍，看来它还是识趣地加入了全雄单元。不过公猴对于这个新来者似乎不怎么欢迎，总是针锋相对地驱赶它，并抢食它面前的食物，辉辉只能竭尽全力地讨好。相比接近长毛就铁拳相向，全雄单元多少算是一个安全的所在。

下午大杨和长毛又干了一仗。我们观察长毛最近在打斗时很是来劲，大杨最后还是逃开了，长毛得理不饶人，又追了一段，最后在一棵光杆子华山松上与大杨抓挠数下后，才回到家庭当中。

2006年8月22日　晴间多云

上午，在猴群当中习惯了当"尾巴"的欢欢仍旧被长毛甩在后面，屁颠屁颠的，长毛家庭觅食的时候，也并未上前与其他母猴一起取食，而是蹲在远处独自寻找树叶吃。

下午四点半，余辉亮在树林里观察到，大杨家庭从山腰下来觅食的时候，竟然有5

欢欢的孩子还留在长毛家

只雌猴跟随,仔细看了一下,多出来的是欢欢。我们这才想到,自从红头不在了的那一天,长毛就开始不怎么搭理欢欢了,红头家的母猴进来过后,变本加厉,彻底把它打入“冷宫”,新来的母猴因此也不待见它。欢欢应该是迫于无奈,转而投靠了大杨家庭。我们又仔细搜寻了一番,并没有发现欢欢的孩子,一看,这个无忧无虑的小家伙,仍然还在长毛家庭里和其他小猴子一起玩,欢欢它还真放心!

2006 年 8 月 23 日　晴

重组之后,现在的大龙潭部落共有 4 个家庭,分别是白头家庭、长毛家庭、大胆家庭和大杨家庭,全雄单元则包括几只尚未命名的大公猴和辉辉、波波、牛牛、杨杨等几只小公猴。

长毛之前的家长身份险些被大杨所夺,但相隔不到 1 个月,又重新稳固了自己的家长地位。如今,只要长毛和大杨略一靠近,就会大打出手,但双方势均力敌,打斗的结果往往都是双双主动停手。看来,有了妻妾之后,两个家长每次的打斗,都谨慎行之了。

2006年8月24日　多云

上午十点二十分，白头家的一只小猴子在树上玩耍。它先爬到离地较近的树枝上，然后蹬住树枝基部，像跳水运动员一样腾空凌跃，空翻1次，稳稳落到地上。远处另外一只小猴看见了，也跑过来，模仿小猴直接在地上玩“空翻”，翻了2次。随后，两只猴子一起爬上了树，在树上你追我赶，玩得优哉游哉。

2006年8月25日　阵雨

森林中的雨声无边无际，四野弥漫；山荷叶笼在雨雾中，融为一团柠檬色泽；绿的植被，仿佛融化在雨雾中，雾中一团一团隐隐约约的绿色，被隔在了雨线的栏栅外。雨所到之处，雾涨潮，雾潮完全淹没森林，只有天空中投下的光线透过树缝，浅灰色，给雨中森林以照耀。在雨中往森林走去，隐约可见森林中藤葛纠缠，朽木横陈，荆棘杂生。

雨中的金丝猴略显沧桑和颓废，好似一个个的落汤鸡，有气无力，或三三两两，或独个蹲在树上紧缩成一团取暖。

2006年8月26日　多云

金丝猴每次上路，循环圈都固定不变，小路线却总有更改，而一次小小的更改，可能就与上次的路线相隔了几座大山。这是基于食物的考虑，同时也为了安全。但是，即便森林中有了一处食物最丰富、环境也最安全的地方，亦不能阻止金丝猴不停地迁徙，而迁徙也意味着冒险。这就是金丝猴的生存理念，它们不会将一片森林的树芽啃光，就算是味道最好、营养最丰富、口感最佳的树芽，金丝猴也一样是漫不经心地边吃边走，甚至一个松果，它们也不会吃掉最后一粒松仁才扔掉。

从经济学的角度考察，金丝猴的食物利用率很低，包括它们在秋季采食森林的其他果子，大都是吃一半扔一半。它们也不会将循环路线上的芽、叶和果实吃光，它们情愿为此付出更多的行走，遭遇更多的风险。

2006 年 8 月 27 日　阴转多云

早晨，地上结了一层霜，白茫茫的一片，出门不仔细观看，还以为是下雪了。山上的温度逐渐降低，秋天的碾轮似乎接近了大龙潭。不过，这种温度对于金丝猴来说还是太高，它们厚厚的毛发，仿佛一件无法褪去的毛皮大衣，除去寒冷的冰霜期，无疑成了它们最大的烦恼。

长毛家庭里，如今全部都是红头过去的妻妾，只有老金花这只风烛残年的老母猴，不怎么受长毛欢迎。

2006 年 8 月 28 日　晴

天气转晴，余辉亮叫上杨敬文和吴锋，带了 GPS（global positioning system，全球卫星定位系统）和记录本，上到观音洞巡护，在面坡淌的一片杂木林中安装了 3 台红外线相机，监测那里的动物活动情况。

辉辉加入全雄单元后，表现得不是很安分，时不时还是活动到长毛家庭附近，并取食它家母猴的嘴下余食，看样子对家庭生活仍有眷恋。长毛有的时候没去理会它，但如果正面撞见，仍是一顿追打。

现在，几乎每个猴子都有了自己的姓名，这让一直关心金丝猴研究工作的廖局长很开心。下午天气变晴，姚辉带着廖局长，为他介绍每一个猴子的名字及其背后新近发生的故事。在说到大胆时，廖局长走上前与其打招呼，双方张大嘴巴，表示友好。姚辉说，就是大胆的一咬定乾坤，开创了人与金丝猴在野外互相信任的开端。

廖局长沿着山脊，跟着猴子后面转悠了半天。直到下午五点，猴子们回到冷杉林，两人才从后面的废弃公路下来。

2006年8月29日　晴

目不转睛地凝视

上午我们正要进入树林察看猴群时，蹲在树上的猴子不知道是不是因为看见我们的缘故，发出“噫噫”的叫声，林地上还有几只猴子似在争吵，“哇哇”地叫唤，人走近时，却都停止了。

中午，一只不满周岁的小猴在树上蹲坐，学它父亲样子，故作深沉又假装气势地遥望远方。可接下来，这个可爱的小家伙挠了几下腰部的痒痒，并抬起头来，一双无辜的大眼睛又大又亮，目不转睛地凝视我们，嘴巴一张一合，然后抓住树枝，一层层跳下了地面，又露出了顽皮的本性。

2006年8月30日　晴

中午，一只麂子再次活动到冷杉林中。我们观察麂子为雌性，肚子不大，如果它是之前常出现的怀孕麂子，那么它现在已经产仔完毕了。

下午猴群觅食的时候，白头家庭吃了一会自己家的食物过后，突然有数个猴子对着旁边的长毛家庭“咯咯”直叫，并逼近过去，长毛家庭听到叫声便后退上山，白头家庭占据了它们刚才的取食地点。

2006 年 8 月 31 日　晴转阴有小雨

上午十一点，我们给监测猴群投喂了 2 筐红薯，那只麂子再次来到林中取食，并啃食地上猴子吃剩的红薯。之前，麂子出现时仅仅取食云雾草和胡萝卜，经过我们长时间的观察发现，它最后还是开始取食其他食物了。这件事跟几个月前猴子初食人工投放的食物是一个道理，是一种试探性学习的结果。

全雄单元的一只小公猴吃了 2 个红薯后，在地上摸索花生壳，看它的样子是想找花生吃。我们靠近它，朝它抬起手来，准备逗它玩玩，小公猴果然以为有吃的，揽过人的手臂掰弄，发现被骗了，随即推开。之后，我们把手伸进兜里，然后捏紧再次伸向小公猴，小公猴仍走近前来掰弄人的手掌，结果再次发现被骗。它叫了一声，再也不想搭理我们，独自后退到斜坡上，找了一块红薯碎片，赌气一样地啃去了。

金丝猴社会

2006年9月1日～12月31日

与大龙潭部落打成一片以后，一个微观的金丝猴世界终于活灵活现地呈现在我们面前。

经过前面2个月的家长之争，大龙潭金丝猴如今由4个家庭和1个全雄单元组成：全雄猴是哨兵，社会地位低人一等，且被剥夺交配权；家长是一个金丝猴家庭的代言人和绝对权威，部落当中的数个家长多数时间和平共处，关键时刻共同抗敌，形成共和联盟的社会机制。

但是部落成员仍有强弱之别，这也是金丝猴之间决定胜负的唯一标准。成王败寇，越能打的金丝猴，越能拥有更多的妻妾，最弱小的那一位，可能一辈子屈身于全雄单元之中，不得翻身。

这些争斗在大龙潭群体当中看得十分鲜明：我们最亲近的朋友——大胆，年轻有为，地位正处在上升阶段，而家庭当中的老猴长毛，已是英雄迟暮之年，尽管仍然占据家长位置，明显苟延残喘，妻妾更迭十分频繁。

时间已经进入第二年的秋天，我们的金丝猴科考已经步入了稳固发展的阶段，感谢大胆、大杨、长毛……感谢它们的陪伴。在未来的日子里，我们还会见证王者的诞生、成长，见证更多的英雄迟暮、少年有为。这是一曲永远也唱不完的森林之歌。

大胆家庭

2006 年 9 月 1 日　晴

一大早，廖明尧局长与杨敬元所长开车送来补给，而猴群还没有活动的迹象。

长毛稳固家长位置后十几天了，仍然十分好斗，每天都去追赶全雄单元的猴子，但一看到其他几个家长朝它靠近，就立即带着全家老小躲得远远的。长毛这种欺软怕硬的做法，连我们都感到愤愤不平。

山上的华山松松果个头已经长得够大，现在正是内里果实丰富的时期，金丝猴时常把这些青果摘下来，却很少掰食，可能是果子没有完全成熟，难以掰开的缘故。

2006 年 9 月 2 日　阴

早上十点，大胆追打长毛，长毛家的猴子吓得往东面攀援而去，大胆只追了 20 多米便停了下来，惊魂未定的长毛却继续带着妻小继续逃窜，到了基地前的冷杉林才停了下来。之后，另外几个家庭的猴子也跟着来到冷杉林里。大家都觉得这欺软怕硬的长毛活该被“教训”。

中午,吴锋取了花生,将冷杉林中的猴子往三岔沟方向唤引,仅有3个家庭跟了过去，只有长毛家的猴子待在树上一动不动。不久，被唤引到三岔沟的三个家庭又回到了基地前的冷杉林。下午再次唤引时，情况仍是一样，长毛家一动不动，其他三个家庭去到三岔沟，后又返回。

2006年9月3日　小雨有雾

上午，一只梅花鹿在基地对面的山上叫唤，每次声音都分作两段，先尖细刺耳有如鸟鸣，后粗犷响亮有如牛吼。猴群听到叫声后发出数声报警。

下午，猴群在水潭边上的树林里活动，全雄单元的波波、牛牛等几只猴子在林子西缘活动，长毛家庭待在东边。大家都以为长毛被教训一通过后终于老实了，不会再犯劲去追撵全雄猴，谁知10多分钟后，它竟然从北边坡上绕过大胆、白头两个家庭，又朝全雄单元扑将过去，弄得全雄猴一阵吱哇乱叫，树枝乱颤，真是叫人无奈。

2006年9月4日　阴

上午，白头家的团团、迎迎、短尾巴蹲在一起休息，几只母猴围成一个小圈，把头低下埋到圈内，在两猴之间有两条小尾巴露出来，推断是团团和欢欢今年新生的幼猴被几只大猴揽在了中间。金丝猴与多数动物不同，它们总在迁徙，没有固定的巢穴，初生的小猴只能时时刻刻被妈妈揽在怀里。因此，哺乳期的雌猴几乎都是全职妈妈，丝毫不用操心何时迁徙、何处觅食的日常“琐事”，就连邀配家长或者争风吃醋的“情事”，也都放到一边了。

下午三点，大杨和妮妮交配，娇娇在边上盯望，一边发出“啊、啊”的叫嚷声，不知它是不是觉得自己受到了冷落，在向夫君表示不满。不过，大杨上去快、下来也快，

大杨和妮妮交配，娇娇在边上

才抽插了8秒左右便停下分开，蹲在一旁。金丝猴的“情事”，都发生在光天化日之下，即便有三妻四妾在一旁围观，也毫无顾忌。作为灵长类的金丝猴，不存在许多哺乳动物的“发情期”一说，它们全年都有交配行为。在我们的记录当中，有健壮的家长曾经在一个早晨与雌猴交配20次。

2006年9月5日　阴有浓雾转小雨

上午，长毛家的糊糊给自己还没满4个月的仔猴哺乳，糊糊前面还蹲坐着一只1岁的小猴，这只小猴不断上前捣乱，被糊糊一次又一次地推开。这只1岁小猴也是糊糊所生，本来它还应该享受糊糊的抱带，因糊糊连续2年产仔，它的特权也便被次年生的小弟弟取代了。

长毛家今年出生的3只小猴都是红头的种，还好长毛当上家长后，这几只小猴没被家庭抛弃，安全生长了下来。

2006年9月6日　小雨有浓雾

早上九点，白头追打大杨家的母猴，大杨也去追赶白头家的母猴。大杨家的母猴受惊过后一哄而散，让白头扑了个空，而白头家的母猴却被大杨追到了，被按在地上抓挠了几下，才犟脱逃跑。白头看到后急速赶回来救援，一边狂奔，一边发出“嗯……”的悲叫。大杨听到叫声，才连忙停止了追赶，好像什么都没有发生过的样子，漫步返回它的家庭当中。

下午五点二十分，大胆家的俊俊和一只小猴抢食，俊俊生气地抓挠了小猴几下，小猴害怕，俯下身子屈服，俊俊上去抱住小猴后背表示安慰，然后两只猴子分开。

金丝猴的世界似乎没有真正的争斗，即便是在一场激烈的厮杀过后，也能够以一个拥抱化解全部恩怨情仇。

2006 年 9 月 7 日　阴有小雨

早上十点，杨万吉上到公路远观猴群，隔着宽大的山谷，仅能见到树林中点点黄色在位移，期间有 2 个家长在树林中追赶，猴群顿时骚乱，不断传来“啊”、“嘎”的叫声，并有很多猴子跳来跳去，树木因此晃动得很是厉害。

杨万吉途中经过一片冷杉树，树下有一片箭竹林，箭竹全部枯立，出林子时，衣服上粘了很多树皮渣子，用手拍了很多次，却没抖下多少来，仔细看这些树渣子很多还是潮湿的，故而十分黏衣服。可以想象披着一身金黄毛发的金丝猴，整日在森林穿梭，会有多少“脏物”附身，还好它们懂得互相理毛，就像洗澡一样，清理彼此毛发当中的污垢。

理毛以清洗毛发当中的污垢

2006年9月8日　阴有小雨

上午在一处岩石密布的山坡上见到一只黄色的小动物，当时它正快速跑入林中，并未分清是什么动物，但从体型和毛色上推测是一只黄鼬。这只动物没入林中后，还“几呀”叫了几声。

下午猴群到了水潭南侧树林活动，此处植被多为杨树。林子北面与河流之间有一块比较开阔的草地，风景十分优美，可光秃秃的草地往往没有金丝猴的落脚之处，攀援跳跃的本事完全派不上用场，一旦危险临近将无处遁形，这片草地因此也成为了它们的禁足地，很少有猴子活动至此。

风景优美的开阔草地

2006 年 9 月 9 日　阴

上午，猴群在树林里活动，全雄单元在林缘。我们走近其中一只雄猴时，它警惕地后退，并躲在一棵冷杉树后，歪出脑袋，犹抱琵琶半遮面一般，与我们对视了半天，怪像一个羞答答的大姑娘！

下午在水潭边记录气象信息时，见到了基地养的小猫，它正蹲在潭边看里面游动的小鱼。突然，这家伙竟伸出一爪，把一条游近的鱼儿抓了上来，然后用嘴咬住快速跑开了。

犹抱琵琶半遮面的雄猴

2006 年 9 月 10 日　阴

白头家一只小猴在地上走动时，右腿总是抬起，一拐一拐的，推测其右腿曾经受过伤，但观察它跳跃、跑动、爬树的速度，却似乎并未受到影响。不一会，这只瘸腿的小猴与另外两只小猴发生了矛盾，相互对峙，“啊”个不停。这时，团团走了过来，站在瘸腿小猴一边向另外两只小猴示威，它们惧怕，而后逃开。我们推测这只小猴是团团的后代。

2006 年 9 月 11 日　晴转多云

上午，一只小猴在山脚上侧的一棵 10 米多高的杨树上面玩耍，它爬到了杨树的一处飞枝上，接着向下张望，判断片刻后纵身跳下，稳稳地抓住了下面的海棠树枝。在海棠树旁斜躺着一棵枯死的红心柳，那里也有四五只小猴在抓打玩耍。年幼的金丝猴都是名副其实的“野孩子”，生于森林，长于森林，大树是它们的家，是它们的玩具，也磨砺着它们的胆识和本领。

下午，白头跑去追打大杨家的母猴，追到后按在地上，母猴在地上滚了2圈。大杨看见了，急忙跑上去营救，可狡猾的白头已经放开母猴跑回了自己家中。大杨未去追赶，抱住刚才被打的母猴，安慰了一阵。

2006年9月12日　多云

长毛家的猴子全天都有些畏缩，躲在树林西面的树上，不敢过来取食，不知道是不是在我们都没有留神的时候，被别的家长痛揍过一顿，浇灭了它几天以来的嚣张气焰。我们只能取了食物去单独喂它们，3只带仔猴的雌猴见到食物后，快速下树取了一些，然后又迅速回到树上蹲坐着吃，真是很警惕！

9月13日　晴转多云

龙龙升格为后妈

大杨家的母猴龙龙年初产仔，却胎死腹中，这件事虽然已经过去五六个月了，但它的双腿仍是有些消瘦，吃食的时候背弓曲，精神不是很好，它的乳房较刚产仔的时候大了一些，乳头也很明显。雌性金丝猴的乳头为黑色，较人类大很多，有如一颗成熟的桑葚。虽然龙龙没有了亲生骨肉，但自从母猴宝宝跟了大胆后，它的仔猴随了龙龙，龙龙因此由“大姨妈”升格为“后妈”，一直把小宝贝当成自己的亲生骨肉对待。

9月14日　晴转多云

猴群觅食的时候,一只与其他小猴玩耍的2岁小猴突然“啊”地叫着跑进了长毛家,它先扑进一只母猴的怀抱“哇哇”大叫，然后又投入长毛怀里撒娇，长毛抱了它一下，便放开不再理会，小猴又独自蹲坐在地上叫嚷了一阵才消停下来。

9月15日　阴

金丝猴在树间跳跃的姿态，像极了美国电影里的“超人”，一只手前伸，一只手弯曲在后，双脚蹬直，但却不像超人一样身子放平，而是斜着向上。

猴群活动的冷杉林旁边，有两棵树倒掉了，树干刚好架在小河两岸，这相当于给在此活动的野生动物搭了两座天然的树桥，也不知道是不是鬼灵精怪的小动物们有意而为之。斜倒后的树木并未枯死，它们的过半根系还深深地扎根在土壤中。

9月16日　晴转多云

十一点我们给猴群喂了一些食物后，猴群上到三岔沟内侧西面的山腰休息。大部分猴子都挤抱在一起蹲坐树上，仅余四五只青年猴还在树间跳跃追逐。

下午，我们将水潭公路上的塑料垃圾清捡了一番。这些垃圾为车外抛物，多是糖纸与其他零食的包装纸，及时清捡主要是防止金丝猴捡起来玩弄或是吞食。

9月17日　晴转多云

上午，猴群在三岔沟山脚活动，其中三个家庭在山脚树林中，长毛家庭却在山腰徘徊，工作人员唤引了数次也不见它们下山。大胆家的猴子觅食的时候，母猴宝宝独个待在林子边缘，不和其他猴子一起取食，很是稀奇。

在基地前的小河边见到一只鹅蛋大小的鸟，其背毛棕红色，两羽基部被毛黑色，喙橙红色，我们推测它是一种翠鸟。

2006年9月18日　晴

金丝猴的循环路线即为它们的生活圈，在一个相对熟悉的生活圈生存，可以降低生活成本，减省对资源风险的评估与侦察以及安全风险的评估与侦察。迁徙是整个部落的事，老猴、幼猴、孕猴与壮年金丝猴集体行动，“设计”最佳生活圈尤为重要。因为有了相对固定的路线，在金丝猴的生活中遭遇强敌而导致部落群体溃散后，落队者仍有机会归队，从而降低了意外风险带给群体的严重减员。

掌握了金丝猴的循环路线，有利于金丝猴研究人员及其他野生动物研究专家对金丝猴进行跟踪研究，揭开神秘的金丝猴生活之谜，却不意味着他们可以立即跟踪上金丝猴群。金丝猴的循环路线只是相对固定，具体而言仍是非规则性的，季节变迁也会让金丝猴更改迁徙路线。

2006年9月19～20日　多云

在灵长类猴属动物中，金丝猴的毛发无疑是最美的，相比较黔金丝猴、滇金丝猴和越南金丝猴，川金丝猴之美，又居其首。神农架金丝猴为川金丝猴亚种，得益于神农架独特的地理气候及其食物链，长得超凡脱俗、雍容典雅。

童年时代的小猴

所谓金丝猴，即其毛发如金丝。诚然，毛发之美，亦为金丝猴成熟的标志。一个小金丝猴，生下来时体重约在250克，四肢大概等同于成年人的食指粗细，此时它的毛发为黑灰色，雌雄不分。

随着小金丝猴的成长，它的毛发渐渐开始变色，4个月以后变色较为明显。又经过6个月的成长，小猴的毛变成灰白色，这时候仍分不出雌雄，小猴子还经常让母亲抱，并且吃奶。到了1岁的时候，小猴背部毛发向浅棕红色变化，腹部毛发长成灰白色。接下来从1岁半到3岁，毛色变得更深些，黄色的地方变得更黄，灰色变为灰白色。这个时代，相当于从婴孩进入童年时代；小猴的3岁至4岁期间即为亚成年猴，显然是快要进入青年时代了。

小猴满4岁以后开始性成熟，有了交配意识。雄猴到了这个年龄，家长会为它举行一个庄重的成猴仪式，即将它逐出家门，送它到全雄单元去，不允许它在家庭里打它的妈妈、姑姑和姐妹们的主意。

2006年9月21日　晴转阴

上午猴群正在三岔沟休息的时候，突然有数个猴子接连“夸”叫，并有猴子带头向山顶跳去。我们怀疑来了新猴群，迅速分成3组，2个人跟着大龙潭部落，1个人带了望远镜在公路上远望指挥，其他人上到山顶查探。果不其然，在三岔沟东内侧山顶发现了一个新的猴群，大概有100多只猴，猴群活动的时候，树林激烈晃动。

我们持续跟踪发现，新来的猴群从三岔沟来到监测站后山，又从监测站后山折回三岔沟，然后经过龙鳞沟到了短槽，一直到傍晚时分，它们还是没有离开大龙潭区域的意思。大龙潭部落的猴子们也亦步亦趋，跟着新猴群的步伐活动到了龙鳞沟，和新猴群隔山相望。

2006 年 9 月 22 日　阴有小雨

因为担心大龙潭部落被新猴群“拐走”，昨天晚上，我们一直跟踪蹲守至天黑 3 小时后猴群入睡才下山，今早又在天亮几小时之前上到大龙潭部落昨晚的休息地点，还好猴群还在。接下来和昨天一样，我们分 3 批分头行动，一批跟踪大龙潭部落，一批跟踪新猴群，一人在远处用望远镜观望，用对讲机指挥。

新猴群不像大龙潭部落与我们“打成一片”，因为它们警惕性高，我们须得离得较远，最短距离不能低于 50 米，这样才不会惊动新猴群，防止跟丢。

晚上仍然是在天黑几小时以后，我们才返回基地。这次两群猴子都休息在面坡淌，还是只有一山之隔。

2006 年 9 月 23 日　阴转多云

照样天不亮，我们就在监测猴群休息的树下蹲守。早晨猴群醒后，两群猴子当中便有数个小猴互相“夸”叫，新猴群没有移动，还是大龙潭部落的大胆身先士卒，带着家庭向新猴群攀援而去。

上午十点，大胆家的几只母猴和新猴群相遇了，我们首先听到数声报警，也分不清是新猴群发出的，还是大胆家的猴子发出的，然后远远望见大胆和新猴群的一只公猴抓打了数十秒，便归于平静。

下午两点，两群猴子终于交汇了。我们观测到大龙潭部落的四个家庭还是各自聚在一起活动，但全雄单元却好像乱了阵脚，东一只西一只，在 200 只猴子的庞大队伍当中难寻其踪。

2006 年 9 月 24 日　阴

今天中午，大龙潭部落和新猴群终于分道扬镳了，新猴群往观音洞方向移动。我们取了花生，将监测猴群慢慢唤引回三岔沟。

回来清点猴群数目时，发现大胆家的猴子少了很多，桔子、花子和它们的幼仔都不见了，母猴余下俊俊、宝宝、乖乖 3 只，而白头家的小尾巴和它的幼仔也不见了。大胆失去了 2 个老婆，但并未表现出沮丧的神色。

难道两个猴群昨夜爆发了一场猛烈的争夺战，而大龙潭部落寡不敌众？

晚上，廖局长在监测站听取大家最近观察记录金丝猴的经验。姚辉认为，通过这种做法可以很直接地了解金丝猴社会的构成与日常习性，不过长时间的观察猴群，也会对它们的活动造成干扰。廖局长向大家透露，以后会在这里建立一座野外金丝猴研究中心，每年向国内外大学开放，供研究灵长类、动物学的人员前来观察金丝猴。廖局长说，这在全国目前尚未存在先例，也感谢队员们一直以来的努力。大家听到后，都很欢欣鼓舞。

2006 年 9 月 25 日　阴有小雨

上午，在基地后山的树林里，有 2 只大公猴活动，因离得较远，无法分辨具体年龄。我们发现大龙潭部落的大公猴全部都在，可以肯定这两只公猴是昨天的新猴群留下来的。它们可能是想在大龙潭部落当中争夺家长之位，谋得一席之地。

这次大龙潭部落和新猴群发生交集后，部落一共出走了 6 只猴子，而新猴群留下的 2 只大公猴能否稳定尚是未知，但总体来说还是大龙潭部落失去的多。

2006 年 9 月 26 日　阴有小雨

天气阴沉，飘飞着毛毛细雨，路面有些湿滑，河中水位没有变化。埋头静坐的猴群，背毛上也黏附了许多雨水。金丝猴别名仰鼻猴，是因为它们长了个“朝天鼻”的缘故，这种特征是为了适应高海拔地区的缺氧环境，但在雨水落下的时候，也给生活带来了诸多不便，为了防止雨水落入鼻孔，在下雨的天气里，它们只能埋首含胸。

下午猴群觅食的时候，白头前去追赶长毛，长毛逃跑，后直到猴群吃食完毕准备

金丝猴长了个“朝天鼻”

上山休息时，长毛家的猴子也未下树取食。长毛家最近经常遭到其他家庭的追赶，造成它们无法取食，我们每次只能在长毛家的猴子远离其他家庭的时间内，把食物亲手送到它们手里。

2006年9月27日　阴

中午，猴群在三岔沟活动，能见到很多小猴子在树间追逐跳跃，后来一只小猴活动到了林子左下角，并蹲坐在树上“嘎”叫，叫声间断性很强，每两声之间间隔都有七八秒。其他猴子听到这只小猴的叫声，没有做理睬反应，既没有连锁报警也没有趋近察看情况，不知这只小猴在此报警，所为何意？

2006 年 9 月 28 日　阴有小雨

上午，大胆家俊俊的仔猴被一只 3 岁多的小猴抱着。小猴懵懵懂懂，未揽住仔猴便在树间跳爬，很是危险，还好仔猴自个抓得很紧，才不至于落下。后来那只 3 岁小猴抱着仔猴爬上了一棵杨树的飞枝，另一只小猴也爬了上去，并扒扑仔猴玩耍。

下午猴群觅食的时间，我们观察到几只全雄单元的小公猴在树林里取食块茎食物，由于没有大猴子吃剩的碎块可以捡，只能捡了一些大块食物就着边角啃食。

2006 年 9 月 29 日　阴

中午，我们见到一只小猴靠双手从一棵桦树顶端溜滑到了底部，中间没有跳跃动作，如果是人从上面滑下，可以想象手都会被磨破几层皮，不知金丝猴的手掌如何能耐受如此强度的摩擦？

红头不在以后，辉辉已稳定地待在全雄单元里，没有再像之前一样时不时凑近家庭，似乎已经接受了自己被提前赶出家庭这个现实。

小猴靠双手滑到了树底

2006年9月30日　阴有小雨

上午，猴群活动到了水潭西南面的“枯杨树坡”，因坡上有很多枯立的杨树而命名。猴群到了一个新的环境，十分好动，很多小猴在树间跳来跳去，有的猴子在树上摸索云雾草吃，而几位家长则爬到树梢四处张望，确定猴群新到地点的安全性。

由于小猴们的蹬弄，下午我们检查树林时，发现五六棵胸径在10厘米以下的枯立杨树已经倒卧在地，这对于枯树来说不算坏事。

2006年10月1日　阴有小雨

猴群继续在枯杨树坡附近活动，坡的下方为湖北蔷薇林，中部多为枯立杨树，西上侧为一些华山松树，东上侧为一些冷杉树。猴们到此后，先后选择华山松树和冷杉树作为休息地点，其他两处不仅不选为休息地点，而且在上面活动的时间也不多。

2006年10月2日　阴转多云

小猴坐在杨树枝上

早上余辉亮值班，猴群在水潭南侧山顶活动。余辉亮来到山脚的枯杨树坡唤引，不想猴群却西移下到了基地前的冷杉林中，之后他才由基地前的冷杉林逐步把猴群唤引到枯杨树坡。

天气很好，略有微风。一只3岁小猴上到一处杨树飞枝，虽然枝干随风轻摇，但是小猴却坐得四平八稳，并腾出两只手来理其肚腹上的毛发。

2006年10月3日　阴转多云

到了一个新环境后，长毛家的猴子还是十分胆小，每次吃食、休息均离其他三个家庭有很大一段距离。离得远了，其他家长再也很少去追赶它们。

余辉亮看了之前在监测站停车场附近拍的一张鸟类照片，确定那只漂亮的小鸟是戴胜。

2006年10月4日　多云

中午猴群一直在休息。到了下午两点，猴子陆续活动，我们才给猴群提了2筐红薯去投喂，吃完后猴群又上树休息。到了傍晚活动时，我们再次给猴群投喂2筐苹果。

下午，大胆家俊俊的仔猴又被小猴抱着玩耍，后来另一只小猴也去争抢，两只小猴互相拉扯，仔猴疼得“啊、啊”怪叫。我们见后向它们奔去，俊俊迅速从远处跑过来抱走仔猴。

2006年10月5日　晴

上午，猴群在三岔沟南侧山腰发现了一丛卫矛树，卫矛叶是金丝猴比较喜欢的食物，大胆、白头两个家长为争夺这个取食点，追打了2次。由于母猴助战壮大了声势，最后还是白头家庭把这个取食点占领了。过了约摸20分钟，这丛2米多高的卫矛已经被猴子吃光了树叶，变成了“光杆司令”。

下午观察猴群活动时，我们接近白头，向它张嘴，白头也张嘴表示友好。我们趁机发现白头嘴里的牙齿健康状况很差，左侧犬牙已经秃钝，其他牙齿基部也呈黑褐色，像是有附着物。

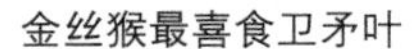
金丝猴最喜食卫矛叶

白头牙齿健康状况很差

2006年10月6日　阴

猴群吃食的时候，白头家的母猴短尾巴与另外几只小公猴在一个地方取食，离白头和其他母猴有五六米的距离。我们走到它们之间时，短尾巴惧怕，欲跑回白头身边，我们侧移身子让开，想不到它也朝同一个方向侧移，我们只得向另一个方向侧移，结果短尾巴也朝另一个方向让开，反复几次，把短尾巴急得吱哇乱叫。我们无奈地笑笑，只好站着不动，短尾巴这才从一边绕回白头旁边。

2006年10月7日　阴转多云

上午，全雄单元的波波、牛牛、辉辉等几只小公猴从几天前倒下横跨河岸的“树桥”过河，到三岔沟山脚觅食。在树桥上面，我们还见到其他动物的泥脚印，推测是猫科、鼬科等善爬动物留下的。

几只公猴刚到河对岸的树林里，它们原先所在的林子里，一些树尖又晃动起来，并传出“啪啪”的撞击树木声。我们走近观看，发现那里还有一只大公猴，再想靠近一些察看时，那只猴子却跳远了，之后一直没有再出现。

2006年10月8日　晴

猴群大部分时间都在基地南边对面的山腰休息，几个家庭蹲坐的树离得很远，差距最大有50多米。

中午，长毛和几只小公猴在三岔沟沟边活动，长毛伏在沟边的一块石板上，像是在借助地表的凉气散热，旁边有2只小公猴为其理毛。

2006年10月9日　多云

前些天，几只全雄猴到基地乞食，我们扔给它们苹果时有2个没接住，掉到了旁边的小河里，河流很浅，苹果卡在石头之间，没有被水冲走，几天过去了，全雄猴又来基地乞食数次，可就是对卡在河里的苹果不闻不问。

金丝猴天性谨小慎微，对不认识、不安全的食物确实退避三舍，但它们早就对苹果

长毛伏在沟边的一块石板上，小公猴为其理毛

熟识，那么是因为到河里取食不安全，还是因为并非我们当场投食而不能确认食物的安全性？我们不得而知。我们下到河里将苹果捡了上来，然后再次扔给全雄单元的猴子们，它们毫不迟疑地啃食起来。

2006年10月10日 小雨

上午，我们发现长毛家的曲曲精神很差，眼睛浮肿，毛发凌乱，一直蜷缩在一棵华山松上，投食时，它也未随其他猴子一起下去取食。

秋季来临，山林中许多树木叶片转黄飘落，特别是三角槭和五角槭最为显眼，不仅树上挂满了红叶，地上也铺满了红色的落叶，像是红绸缎装饰成的婚礼殿堂。

2006年10月11日 阴

曲曲精神仍然很差，给它投喂水果，不吃。我们改喂了它一些花生和云雾草，虽然取食了，但量还是很少，推测曲曲生病了。

中午，我们拿了一个体温计来，计划给曲曲量体温，可刚一靠近，长毛和其他母猴像见了仇人似的，对着我们不断龇牙“嘎”叫，再试图靠近一些时，曲曲突然向山顶跳去，长毛和其他母猴也紧跟着跳了上去。一直到天黑，它们也没再次下山。

2006年10月12日 阵雨有大雾

早晨，我们将猴群唤引下山后，特意查找曲曲，却没找到。长毛家的幼猴还是3只，其中2只被环环和糊糊抱着，而曲曲生的小猴却被英英抱着，曲曲的离开，使得这只幼仔成了孤儿。

曲曲的小猴全天都很安静，没有叫嚷，看样子它年龄太小，对母亲的离开毫无知觉。

这只小猴已经有 6 个月大小，开始像模像样地跟大猴学习啃食食物，就算是失去母亲，没有了奶水，它也学会了独自生存。

2006 年 10 月 13 日　阴雨有雾

上午猴群觅食的时候，长毛右手正拿着一块红薯啃食，而它的左手、右脚也没闲着，分别握着一块红薯，真是一只霸道的猴儿。后来它将左手的红薯“移交”给了左脚，用双手抓住红薯啃咬。

中午，一只小猴在冷杉树上玩耍。它单手抓住一截树枝，把身子吊在下面，树枝很柔韧，下垂悬吊，带着小猴兜兜转转，小猴似乎很享受，转了几下掉到地上后，又爬上树再来一次。

曲曲的小猴被英英抱着

2006 年 10 月 14 日　阴雨

雨下不断，不大却稠密，有 2 只跟鸽子长得类似的鸟在河边飞腾，后在观测棚前停留了一下，才再次飞远。

下午，大胆家的一只母猴在一棵枯杨树上活动。它把住树枝正想上爬时，树枝突然断开，母猴也没惊叫，只是把断枝拿在手里端详了一阵，然后眼神看向远处，一动不动发了一会呆，才将断枝扔开。

2006 年 10 月 15 日　晴

天气晴朗，不时刮着凉风，天空虽无云朵，却不是十分湛蓝，蓝中带有淡淡的透明乳白。观测棚的门没有门栓，轻风便将门吹得接连拍打门框。

中午，猴群活动的树林下缘再次出现了昨天看到的有如鸽子的鸟儿，共 6 只，它们 3 只排成一排，分 2 批从较高的地方展翅滑翔而下，很像飞机军演，若在远处观望，很容易将它们误以为鼯鼠。

2006 年 10 月 16 ~ 17 日　晴转多云

早上吴锋值班，六点四十分唤猴，未有猴子响应，上到手机塔远观寻找，发现猴们在枯杨树坡上侧的凹槽里，因它们并没有走远，未继续唤引，让它们在那里好好休息。

下午，一只 3 岁小猴找到了一棵“罗圈腿”的华山松玩耍。华山松不大，在离地 1 米多的地方，树干水平弯曲一圈，形成一把天然的椅子，小猴有模有样地坐在“罗圈”的位置上。不久，另外一只小猴也看上了这个好地方，凑到跟前，抓打它，想抢占“罗圈”玩耍。

金丝猴的后掌发育得比前掌好，因此后掌抓握树枝更牢靠，前掌抓握能力相对弱

金丝猴后掌抓握能力更强

一些，原因在于大拇指的发育稍逊，所以在取食的时候，可以看到金丝猴的大拇指有些笨拙。当然这是与人类相比，在野生动物界，没有谁的抓握能力可以与金丝猴相当。

2006 年 10 月 18～19 日　阴

上午，大胆在地上休息，这时俊俊走近它，伏地背对大胆邀配，大胆欣然接受，爬跨在它的背上与之交配，十几秒结束，然后大胆给俊俊理毛。

当雌性伏地邀配以后，雄猴从背后跨上雌猴的身体，两脚踏住雌猴的双腿，两手抓住雌猴的背部，雄器挺进雌猴会阴抽送。有的雌猴会双手抓树，以抵消后部力量的撞击，保持身体的稳定。高潮到来的时候，它们都会从嘴角发出“咕咕咕”的声音。

金丝猴同性间也有爬跨行为，行为者主要是大家庭的雌猴或者全雄单元的雄猴，它们可能是因为寂寞难耐，才会进行这项在常规眼光看来有些滑稽的游戏。

2006年10月20日 小雨有雾

天气有些冷，下着小雨，又冷又湿，很是冻人，孤零零蹲在树上的几只猴子也冷得有些发颤。长毛蹲在地上，用双手抓住双脚，手背垫在地上。猴子不用脚掌直接着地，而是用长满毛发的双手手背垫底，可以避免脚掌接触冰冷的地面，有一定的保暖效果。

2006年10月21日 晴

上午，波波、牛牛等几只小公猴在枯杨树坡下面的平地活动，摸索地上余下的花生吃。不久，长毛家的猴子也走了过来，长毛刚到便飞奔过去追撵牛牛，牛牛吓得快速跑开，长毛返回。牛牛不死心，再次接近想捡吃的，长毛见状又奔过去追撵。这次之后，牛牛总算不再回来，爬到了西面山坡上活动。

下午，猴群活动到了山顶。我们取了半盆花生唤引，起先在河边，猴子听到虽然回应，却不见动静，后来过到河对岸，并往山腰边走边唤，猴群才陆续跳下山来。

小公猴波波

2006年10月22日 晴

猴群仍在枯杨树坡活动，中午时分，见到小公猴波波蹲在一棵杨树上，它就像一个大猴子一样，双脚分开摆放，一手抓住上层树枝，向远处眺望。可接下来这个小家伙做的事，就更说明它已经成年，是个大猴子了：它低下头，双手不断捏弄自己的下阴，它的下阴快速膨胀起来。见到有工作人员靠近，小家伙停下对着人张嘴表示友好，然后跳到了另一棵树上。

我们观测到金丝猴的自慰行为，是从大胆开始的。这只以胆大包天闻名、并且第一个接受了人类“橄榄枝”的猴子，其实有更多的“第一次”发生，比如，当它还在全雄单元当中寂寞难耐的时候，某天就刚好被我们观测到抚弄自己的生殖器，不仅射出一股精液，而且还低下头去，将其舔食干净。

金丝猴们的自慰行为，多次被我们记录在案，这种行为与“同性假交配”——即我们俗称的同性恋行为一样，常常发生在全雄单元的“光棍儿”们身上。

2006 年 10 月 23 日　晴

早晨，地上结了霜，白飒飒的，像是覆盖了一层浅浅的雪。山中秋意更加浓重，许多树木的下面都堆了厚厚一层落叶。

中午，大胆和白头因为抢食打斗，大胆先冲向白头家的一只母猴，接着白头也去追赶大胆家的母猴，大胆回防，两个家长打在一起，白头家的短尾巴很稀奇地没有上前帮助白头打斗。两猴打了十几秒后，不分胜负各自后退，然后相隔不远地各自蹲在地上，相安无事地吃起东西来。

在金丝猴家庭当中，找食和御敌往往不是妻妾操心的事，当家长之间大打出手的时候，一般情况下它们只是冷眼旁观，但偶尔也会蜂拥而上、同仇敌忾，但雌猴的战斗力往往体现为乱抓一起，打得颜面尽失，毫无“英雄”气概可言，毕竟是雌性，打架不是所长，也并非责任。

2006 年 10 月 24 日　晴

今天见到 2 只 2 岁多的小猴在地上玩耍。两只猴子首先挨近，然后对瞪、张嘴、摇头，接着双方都用手去抓对方头、颈、肩等部位的毛，在地上滚打起来，滚了三四圈，两猴松开，一只小猴迅速爬上一旁的树，另一只接着追了上去，先上去的小猴回转身子抓住

2只小猴在地上玩耍

后上来的小猴双臂，两猴在树上又是张嘴、对瞪。这样玩闹一阵后，一只小猴绕到另一只背后，蹲下为其理起毛发来。可以看出之前它们的抓打都是一种玩闹，也是一种学习行为。金丝猴就是通过这种亦玩亦打的方式，慢慢长大，最顽皮的小猴子最有可能练就最坚实的体格。

2006 年 10 月 25 日　阴有小雪

上午，大龙潭飘下入冬来的第一场雪，雪花很小，加之温度不低，落到地上随即融化了。雪就下了 1 个多小时，仅在少许地方积了薄薄的一层，这场雪更像是天气变冷的兆示。

下午，猴群活动到了水潭对面的冷杉林中。四个家庭各找了一棵高大的树木休息，长毛家的猴子全都聚集在树中上部相距 1 米多的两处枝椏上，像是成熟了挂不住的果实。

2006 年 10 月 26 日　小雪转小雨

昨晚再次下雪，地上累积了薄薄的一层，上午雪继续下，雪粒不小，又急又密，地上又覆盖了一些。由于温度不低，雪很快就化了，即使积起来的雪，也变得湿软。树林当中，落在树枝上的雪融化得更快，雪马上如雨水般落下枝条，夹杂在树林缝隙里飘落的雪花当中，林子里顿时下起了雨夹雪。

中午雪停，随之飘起雨滴，到了下午三点，积雪已经全部融化。

猴群几乎没有动静，它们也跟我们一样，已经意识到寒冬即将来临。

2006 年 10 月 27 日　阴有小雪转多云

猴群就在水潭对面的冷杉林中活动。冷杉属于常绿植物，虽然现在已是初冬，树木仍然郁郁葱葱。上午虽有少许雪花，但猴群都躲在茂密的高树上休息，雪花并未落多

下雪了，猴群躲在冷杉树上休息

少在它们身上。在寒冷的冬季，当落叶林逐渐枯萎的时候，这些常绿的针叶林，往往成为金丝猴最后的庇护所，为它们防风、遮雨，帮助它们度过漫漫寒冬。

下午，神农架林区电视台的3位记者到基地拍摄。此时，雪已经停了，天气转为多云，光线很好，拍摄过程十分顺利。

2006年10月28日　阴

上午，大胆和大杨打斗。大杨当上家长已经有3个多月，经过数次打斗，不能说久经沙场，但也身经百战。它不直接和大胆打，也似其他家长那样去追赶大胆家的母猴，大胆回防后，它和大胆试探式地抓挠几下，随之分开。

下午姚辉、吴锋带了GPS到观音洞巡察瞭望。观音洞一带的积雪比海拔较低的地方厚了一些，雪地上可以见到很多动物的足迹，以兔类的最多。

2006年10月29日　阴

大大与白头交配

上午，大大俯下身子向白头邀配，白头应允，爬跨上去，白头家的短尾巴见状“醋意”顿生，全然不顾它们的感受，用手分别抓拉白头和大大的头颈，白头对此未作理会，反是大大嘶哑地叫了几声。两猴交配完后，大大立即跳到远处。

这一年的秋季已经到了尾声，金丝猴的受孕季也即将过去。这是金丝猴留给人类的一个难题。日常生活中频繁的性行为，并不会导致雌猴受孕，唯独只在8～10月的秋季，其他时间都是金丝猴屡试不爽的“安全期”，只用尽情享受性的快乐。雄猴在秋天播下的种子，到了第二年的春天，便会为自己的家庭增添新的成员。不知道今年此时有几只小猴正在猴妈妈的身体里孕育呢。

大龙潭夜晚的温度已经降至零下，夜晚的时间也超过了 13 小时。金丝猴属白昼活动的动物，它们的作息时间也随之改变。

2006 年 10 月 30 日　晴

山上的松果业已成熟，在枯杨树坡西侧山腰的华山松树下面，能见到很多猴子掰下的青松果，果壳被掰开，里面的籽已经不见。以果实取食程度来看，金丝猴实属浪费型取食者。“猴子掰苞谷的故事”，还真是以猴子为原型。

下午，杨敬辉带了 4 位副业工到短槽一带采集华山松松果，然后装袋运回基地。之后，他们会在山上采集四五天的松果，这些松果将作为金丝猴冬春补食的食物。

2006 年 10 月 31 日　晴

上午，长毛家的猴子在枯杨树坡东上侧的冷杉树上活动，期间，糊糊今年生的小猴离开糊糊，到了“养父”长毛的身旁，并抓住长毛背部的毛发，往它身上攀爬，但长毛似乎并不享受“养父”的角色，烦躁地左右摇摆，试图甩开这只红头亲生的小崽子。小猴急得大声叫嚷，糊糊迅速过来抱走小猴，并对着长毛十分不满地“啊啊”叫唤。长毛有点恼火，扑低身子瞪咕糊糊，糊糊接着叫了两声，抱着孩子，跳到了其他树上。

今天天气比较好，下午见到多个猴子相互理毛，全雄单元里，数个小猴子在给躺在地上的长毛理毛。这只长毛，在家庭中失势，难道在全雄猴之中还能称一下霸王？

2006年11月1日　阴

寒冬即将来临，大龙潭区域的树叶刷刷飘落，分布最多的落叶植物红桦已经是光杆子一群。由于它们的树皮是红色的，远远望去，像是那片山被泼了红色的颜料，所谓层林尽染。

上午猴群在枯杨树坡觅食的时候，长毛突地去追赶全雄单元的猴子，蹲在五六米外的大胆也跟着追了上去，可长毛却以为大胆要攻击它家的猴子，回身与大胆扭打在一起。最后，大胆稀里糊涂地把长毛打跑了，长毛家的猴子只好让出取食点，爬到了山腰。

2006年11月2日　多云有雾

温度变得越来越低，大家都穿上了棉衣。早晨，阳光初照，山谷略有薄雾，金丝猴从伞状的巴山冷杉树冠中醒来。巴山冷杉四季葱郁、枝条繁茂的树冠，是金丝猴最好的居所，好像生来就是为了给金丝猴遮风挡雨。冬季严寒的时候，常常看见金丝猴在延展的树枝上紧紧依偎成齐整的一排，或者互相拥抱取暖，以御严寒。

我们坐在科考基地对面的观猴台上，看着阳光下的金丝猴。它们三五只抱成团蹲

巴山冷杉四季葱郁的树冠是金丝猴最好的居所

坐在树桠上，漂亮的长尾悬垂。山坡阳光若泻，山谷静悄悄的，间或有小猴撒娇、咿呀叫唤，或从背后山坡传来一两声星鸦的哀鸣，还有山下的修路工隐隐约约的凿石声，山谷却更显幽静了。

2006 年 11 月 3 日　阴

枯杨树坡旁边的一棵湖北海棠，叶子差不多已经落尽，光秃秃的枝条上，耷拉着红的海棠果。后面有一棵名叫枸子的小灌木，圆圆小小的果实更加红艳，偶尔会有红嘴蓝鹊光临觅食，它的翅膀一闪，生动了金丝猴打盹的整个晌午。

经过将近 2 年的观察，我们发现金丝猴 60% 的时间都在休息。尽管如此，成年的金丝猴在林间攀爬跳跃消耗掉的能量,每天都需要树叶、野果等食物 3 ～ 4 斤,方能得到补给。

长毛家庭现在在猴群当中，实力变得最为弱小。虽然它家里的成员众多，却经常受到其他猴子欺凌，吃食的时间，也不敢上去抢占先机，每次都是别的猴子酒足饭饱过后，才去捡一些边边角角的残羹冷炙。

2006 年 11 月 5 日　阴有雾转多云

早晨，金丝猴在水潭南面山脊下的森林中醒来，叫声此起彼伏，它们在各自的树上彼此呼应，开始了新的一天。接着，我们也用金丝猴的“语言”——“噫……噫……”跟它们“对话”，森林中的金丝猴仿佛听懂了我们的呼唤，便也“噫……噫……”回应，然后便看到远方的森林枝舞树摇，金丝猴部落浩浩荡荡下山来了。

破译及掌握金丝猴的“语言”，是人类与金丝猴交往和深入研究金丝猴的重要前提。神农架研究所的杨敬元自 1993 年研究金丝猴以来，采集了非常多的金丝猴语汇，他已能够使用金丝猴的语汇与金丝猴沟通。神农架金丝猴保护研究中心在他的主持下，我们所有的科考人员也逐渐掌握了这门“外语”，基本上能与金丝猴进行交流和对话了。

例如，我们经常能够听到一声长长的“噫……”，是金丝猴早起时互相之间问好的“语言”，这种叫声也能让彼此辨别方位，或者互相确认已经从睡梦中醒来。随之，金丝

猴从高海拔的山坡上往下走。因为高海拔的地方地势往往雄险，所以金丝猴不论白天在何处觅食，夜晚的栖息地一定会选择险要地带，早晨起来后再择地觅食。

“噫……”在迁徙的时候，也是使用最多的“语言”，金丝猴用以确定各自的方位，以便保持各个家庭与群体之间的联系。

“噫……”也是友好的涵义。金丝猴聚集一堂的时候，“噫……噫……”的叫唤此起彼伏，一片欢乐融融的气氛。“噫……”在有的时候，也用来表示“这里食物丰厚，请来品尝”。

2006年11月6日　小雪

雪花再次飘临大龙潭，满山又是一片银白，海棠、蔷薇、杨树等落叶树木再次经历一次洗礼，只剩下一些枯枝败叶，在风雪之中，格外孤寂。此时，森林大地唯一的生

闲不住的大山骄子

气还是依然活跃的金丝猴，它们是闲不住的大山骄子。

在万山之峰的神农架，一头熊、一匹狼、一个豹子、一条菜花烙铁头蛇……乃至一只鼯鼠，都在漫长的历史变迁中为维持神农架的物种多样性付出了卓绝的努力。猴以森林为家，亘古至今，为森林除朽枝、摘松萝、疏密叶……令森林保持永新的活力，但也只是茫茫大山之中，无比微薄的点点滴滴。

2006 年 11 月 7 日　阴

高海拔地区的树叶已经落得差不多了，而 1000 米左右的低海拔地区，树木叶片却是刚刚变黄飘落。山顶银装素裹，山脚层林尽染，如此多样的风景，就在神农架的 11 月。

下午见到白头与团团在树上交配，团团趴在两根树枝之间，头后扭平视，而白头爬跨在它背上，双手抱住团团腰部，不断前后耸动腰部，数秒后随即射精停下。

2006 年 11 月 8 日　晴

天气转晴，太阳白晃晃的，悬在天上，好像冻进了冰天雪地的世界里。白雪覆盖着大多数地方，山泉结成冰凌，亮晶晶地挂在山坡上，密林只剩了无数的枝桠，栎树、桦树、湖北海棠、华中山楂、多枝柳、红桦等阔叶树的叶子已经完全不见了踪影，幸亏还有常绿乔木巴山冷杉、青杆、高山杜鹃、华山松青葱的绿意，守候在雪坡之上。十点多，积雪开始消融，雪水从屋檐、从树间哗哗流下，似是下起了暴雨。

在寒冷的日子出现骄阳，金丝猴大概也会跟我们人类一样，感到喜出望外。因此，这一天的头等大事就是晒太阳。它们在山坡上找最高大的冷杉树，然后尽数爬到树顶，贪婪地享受阳光的温暖。如果两个家庭选中了同一棵大树，这一天就会以一场恶斗作为开场白了。

2006 年 11 月 9 日　晴

早晨出门，仍是个晴天，可大龙潭所有的一切还是结了冰，地上覆盖了一层没有化尽的薄雪。晴天的早晨相对阴天却是冷多了，那是一种深入心肺的冷，只有待到太阳爬到竹竿高，空气才会变得暖和，接着结冻的泥土和草叶也会解开透明的冰衣，向你展现它们亮丽的胴体。

“晒太阳”几乎成了猴儿们在冬季里唯一的消遣。在阳光扫过的树枝和地面，它们摆出各种姿势，吸纳阳光的暖意，还能见到一些猴子相互理毛，抑或见到家长与母猴交配，却是很难见到家长打斗。寒冷的冬季大概消磨了它们的斗志，好像我们人类一样，只愿意在太阳地下打个盹儿，或者终日赖在被窝里。

2006 年 11 月 10 日　晴转多云

早晨天刚亮的时候，东方的天空露出一片玫瑰色的红霞，森林里刚刚开始有了几声鸟啼，金丝猴就此起彼伏地叫起来，好像迫不及待地等待阳光的降临。

大杨索弄自己的阴茎，只往前套弄了 4 次，就勃起了，此时它的母猴妮妮就在旁边，大杨也没上去与之交配。妮妮见到大杨的阴茎变化，也有没特别的反应。接下来妮妮走了过去，为大杨理腿部的毛发，但从始至终都没意识到现在正是向大杨邀配的好机会。

2006 年 11 月 13 日　多云转晴

今天，余辉亮和吴锋到面坡淌去回收放置在那里的红外线相机。相机安置在兽道的三岔路口，在相机前的雪地上见到了很多偶蹄目动物的足迹，估计这次拍了不少好东西。

晚上回到基地，我们把相机卡接通电脑看里面的内容，果然拍到了梅花鹿5次、小麂8次、斑羚3次。

小麂

2006年11月15日　小雪

早晨出门，外面已经全变成了白色，整个山林好像铺了一张凹凸不平的白色大地毯。之后，雪继续下，但因为白天气温升高，雪层并没有越来越厚。

长毛和一只小母猴单独蹲坐在华山松上，长毛把小母猴抱在怀里相互取暖，小母猴被捂得严严实实，仅露出半个脊背和一条尾巴。这个平日里欺软怕硬的长毛，对待自己的妻妾，还真是呵护备至。过了10多分钟，小母猴脱离了长毛怀抱，给长毛理起身子右侧的毛发来，长毛却没有抬头，继续耷拉着脑袋沉睡，小母猴理了一会儿毛，小鸟依人一般倚靠在长毛身边，盯望远处的工作人员。我们走近给它们拍照片，刚按了快门，长毛便醒了过来，并对着我们龇牙咧嘴，但它并不是表达恶意，相反，这是一种示好、问候的行为。我们见状，也对着它张嘴表示友好，拍了几张照片后离开。

长毛呲牙咧嘴问好

2006年11月18～21日　阴有小雪

水潭边草地上的积雪里，零乱地散布着野兔、豹猫和羚羊的脚印，而水潭东边科考基地小木屋顶的积雪，映衬着巴山冷杉浓绿的伞状树冠。

18日，在一棵枯立的华山松上蹲着长毛和2只小公猴，年龄最小的猴子被夹在长毛和另一只小公猴之间，长毛和年长的小公猴正在给中间的小猴理毛。小猴看上去十分顽皮，弯下身子头体倒吊，把臀部翘了个底朝天，长毛和年长小猴毫不犹豫地继续给它理臀部的毛发。

接下来几天，猴群没有异动。

2006年11月22日　雨夹雪

上午，仍旧飘着小雪，天空异常明亮，却见不到太阳。中午时分，天空转暗，接下来才两三分钟，就有零星的雨点伴随雪花一起落了下来。不久，雪花就全部变成了雨滴，雨滴不小，工作人员纷纷躲进观测棚中避雨。

下午，大胆在一棵不高的海棠树上活动，它好像体操队员玩高低杠那样，抓住湖北海棠最低的枝条，荡一下，又荡一下，然后松开前肢，后脚着地，直立跨越缓冲，放下前肢，机警且憨厚地左右观察，漂亮的大尾巴扬起如弓。年轻的大胆，确实是猴群当中的帅小伙儿，威武、俊俏，如日中天。

2006年11月23日　小雪

雪还是一个劲地下，已经堆积了30多厘米厚。天气寒冷，姚辉在大龙潭至小龙潭的山沟里巡察时，见到了一只冻死的羚羊，僵硬的身体，不知道已经死去多久。对于大山深处的动物而言，寒冬就是地狱，如果没有办法从皑皑的白雪当中寻找到一星半点儿食物，或者一个温暖的巢穴，随时都会在雪地里凝固成一尊雕塑。我们通知了研究所的杨开华，将死去的羚羊拖去实验室，它即将成为一副标本。

2006 年 11 月 24 日　晴转阴

天气转晴，河流上面的冰层融化，稀里哗啦的水声中断了多日，重新传入了大家的耳中。树上的积雪在阳光下一坨坨地脱落，地面上的积雪也变得很松软，但融化速度却是不快。

大胆每次取食的时候，总是前去抢夺大杨和长毛家的食物，对于白头这个硬茬它却从不去碰。金丝猴群落有着严格的社会组织结构、家庭秩序，群落内部权力的角逐和家族之间的斗争也是量力而行。

大胆抢夺别人的食物

2006年11月25日 晴

仍是一个晴天，我们上午上山跟踪猴群，山坡上的积雪经太阳一晒，似融非融，十分滑软，常常是行三步退一步，摔在地上更是避免不了，不过有雪层的垫护，不会摔伤，也沾染不到脏的东西。

山林中横陈杂乱的灌木、藤类、荆棘和乔木纠缠拥挤在一起，对于金丝猴来说是绝佳的跳爬桥梁，而对于跟踪猴群的人员来说，却是重重叠叠的考验，每个首次跟踪金丝猴的人都要磨砺两三个月后才能在这些树栅栏里穿梭自如，跟上金丝猴的步伐。

2006年11月26日 小雪

雪花飘落，山溪再次凝固。巴山冷杉、高山杜鹃还在绿着，依稀可见湖北海棠、华中山楂、栒子红彤彤的小果子挂在光秃秃的枝头。与常绿植物繁茂的绿叶纠结、组成一波波接天绿浪的森林景观，白雪皑皑的山上，漫坡铁锈色的枝桠，弥漫着一层浅棕色的光晕。

家庭猴全天都是出奇地安静，没有追赶全雄猴，全雄猴到它们附近取食的时候，也平安无事，有些叫人琢磨不透！

2006年11月27日 阵雪

大龙潭的气温直线下降，在山上跟踪猴群时，穿一件棉衣已经不能管用，只能在棉外套里面又加了绒衣和毛衣，穿在身上虽然很是臃肿，却也温暖了不少。

猴群也了解气温变低了，很少下地活动，在树上追逐、打闹等激烈活动也少了很多，多半时间都是很多猴子挤抱在一起取暖。金丝猴这种“消极应对措施”正好可以节省能量消耗，对于食物短缺的冬季是最好的适应方式。

2006 年 11 月 28 日　小雪

雪一直下，在一些没有树木遮挡的凹地里，积雪已经堆起过人高。在林中巡察，我们再也没有发现动物尸体，推测即使有冻死的动物，也被持续的大雪覆盖了。

在这么寒冷的天气里，小猴子好玩的习性却依然如斯。它们大部分的时间都在枝桠上跳来荡去，远远看去，跳跃的姿态欢快而优美。在此悠远而静谧的时光里，小猴儿像在林间飞来飞去，它们昂首向前，身体斜倾，前肢向前上方伸展，后肢保持蹬踏的姿态。持续的活动能够暖热身体，却会消耗寒冬里艰难积蓄的体力，这些初出茅庐的小猴子，大概还不懂得这些。

2006 年 11 月 30 日　阴

今天，雪虽然停了，气温却还是低得刺骨，咻咻的寒风袭来，让人和猴都有些战栗。地上的雪粒被大风扫起，在空中上下左右跳舞，迎袭在脸上，像针扎一般。

一只小猴儿攀援至树梢，突然空翻向下，接连数个腾空翻之后，抓住最底层的枝桠，再腾跃上树，如是反复，轻盈而飘逸。小猴儿的跳跃，是它们最基本的生存技能训练，也许这个漫长的冬天在它们成长的过程当中至关重要，即便这样做会耗费大量的体力，它们仍然锲而不舍。而树上蹲坐的大猴不似它们闹腾，它们结伴而坐，互相清理毛发。

中午，廖局长开车送来补给，隔段时间前来慰问猴群已经成为他的习惯。这次，他又在姚辉的陪伴下，走到猴群聚居的地方，与大胆、老杨打招呼。

大胆只身坐在树端，看下面有人过来，就从树端爬下来，张着嘴巴打招呼。树端的猴群一阵骚动，以为廖局长

大胆从树端爬下来

带来了可口的苹果，一个个伸着头，看着廖局长的口袋，平时很严肃的廖局长也被这群泼猴给逗乐了。

2006 年 12 月 1 ~ 5 日　多云

好不容易有一个多云天，全雄猴各自孤零零地坐在大树椏上，家长们则与成群妻妾相围，敞怀腆肚，彼此静静地享受阳光。在寒冷的季节里，那些大小光棍儿们，看起来格外可怜。

我们准备了 GPS 到山中巡护，在雪地中发现了许多动物的足迹，多为草食动物留下的，只有一组可以确定是食肉动物豹猫的脚印。大龙潭金丝猴群落分布在大龙潭的 12 座大小山坡上，它们在这里循环往复地迁徙。在这个区域生活的凶猛动物相对较少，只有熊、豹猫、野猪、金雕和老鹰，偶尔有路过的金钱豹，金丝猴较少有天敌。

现在，猴群中共有 4 个家庭，分别是白头家庭、大胆家庭、长毛家庭和大杨家庭。经过长期兵戎相见的检验，我们发现大胆和白头是最能打的猴子，大杨和长毛次之，这也决定了它们可以在猴群当中独领风骚。一个家长，金红色的头毛、金黄色的披肩和魁梧的身材是它们最明显的特征，是否英勇善战，又决定了它们在整个部落当中的地位。

12 月 5 日上午，大胆坐在一棵高大的巴山冷杉粗壮的枝椏上，它袒胸腆肚，目视远方，仪态庄重，威风凛凛，就像一个尊贵的王者。大胆身边围坐着数只雌猴，有的雌猴怀里抱着幼猴，有的幼猴在周边的枝椏上戏耍，一幅其乐融融的景象。

长毛借步土墩子过河

下午，长毛在河边活动，没多久大胆家庭向它走来。长毛畏惧，想跳到河对岸离开，但是河很宽，长毛试了很多次，仍未果。后来长毛往河上缘走了四五步，借步河中间的一个土墩子，连跳到了对岸。

2006 年 12 月 6 ~ 31 日　晴转多云

啃食细小的枝子

山上的积雪已经全部融化，只在一些旮旯里有小部分积雪，河流不再封冻，却变成了名副其实的涓涓细流，到了水潭下缘地区，河床直接干枯了，上游的水全都从地下暗河流走。

冰雪消退后，金丝猴变得活跃了一些，经常活动到山坡上啃食青荚叶的树皮，有的猴子直接把细小的枝子掰断，双手抓住递到嘴边啃食。冬天的森林不似夏秋般丰饶，早已由不得它们对食物挑三拣四了。

12 月中旬以后，大部分的草本植物也都干枯了，草叶被太阳暴晒过后，脆得一捏便成了粉末。这种情况下，防火工作变得异常严峻，科考队每个晴天都会抽出人员到几个草坡多的地点巡察，并清除一些落叶，杜绝火灾隐患。

12 月 18 日上午，一只饿极的梅花鹿找到科考基地前面的垃圾场，在那里摸索东西吃。我们看见后，怕它吃坏肚子迅速把它赶开，然后到食物房拿了一些胡萝卜扔到附近，任其取食。

下午，这只梅花鹿竟然又游荡到枯杨树坡，当时我们刚给猴子投放完食物，梅花鹿不甚怕猴子，跑到一棵有猴子蹲坐的树下，捡食它们吃掉的碎果。

12 月 31 日，外面再次变成了白色的冰冻世界，我们到监测站值班时，发现水管被冻住了，应当是昨晚最后离开的人员忘记把水管打开，静水容易冰冻。没有水，给金丝猴清洗食物便成了问题，余辉亮组织 3 名人员用手推车带了一个大塑料桶到四里外的三岔沟河道凿冰取水，然后由 2 人在前面用绳子拉，1 人在后面把持方向，将水运到监测站。拖水的时候，厚厚的积雪成了前行的最大阻碍，大家只能用翘杆抵着轱辘，一点一点地慢慢往前挪。

冬天的山泉冰冷刺骨，水运到后，我们先在火上烧了两壶热水，然后兑了冷水，在大盆里清洗食物，完了再将食物运到枯杨树坡给猴们投喂。寒冬时节，金丝猴很难在野外采集到食物，见到我们运来食物表现得十分兴奋，成群结队地在树上“噫……

从三岔沟河道运水至监测站

嘻……”跳动，食物刚刚提过河流，已有数个猴子来到近前，直接把手伸进筐子抢食，丝毫不跟我们客气。给猴们投了食物后，我们随之退开，让它们自由取食。

雪地当中，大胆和俊俊交配，一只1岁左右的小猴走近它们，推测是俊俊的孩子。它连猴爸猴妈的这点私人空间都不放过，蹲在旁边拨弄俊俊身上的毛发，一副若无其事的样子，而猴爸猴妈也没有因此而恼火。小猴于是换了另一边，扒住一根绣线菊的细枝子爬了上去，脑袋一直扭向旁边的大胆和俊俊，一脸无辜和好奇，它最后看了俊俊一眼，然后弹开，到前面的一个树桩上终于安静下来，开始独自把玩一直捏在左手的华山松嫩枝。大胆和俊俊在交配的过程中，对这个好奇的旁观者一直不予理睬，自顾闷头享乐。

寂静的大山中，我们就这样与金丝猴一起度过了2006年的最后一天，迎接新一年的来临。

▲ 在野外，帐篷就是科考人员的家

▼ 讨论猴群去向

▼ 老猴终老山林

▲ 安装红外照相机监测野生金丝猴及伴生动物

▲ 用红外线照相机监测金丝猴

▲ 雪地跟猴

◀ 野外考察，遭雨淋是常事

▼ 树林穿行

▲ 累了，就地休息

▲ 草地穿行

▲ 神农架自然保护区金丝猴考察队合影

▲ 廖明尧局长给金丝猴喂食

▲ 插放食物

▲ 从山下采购金丝猴补给食物

▲ 金丝猴从人手中取食

▲ 聚焦式的细致观察

▼ 与大胆握手问好

▲ 给金丝猴投放苹果

▲ 猴大胆在人附近取食

▲ 记录金丝猴的日常活动情况

▲ 拿嫩树枝逗猴

▼ 金丝猴“无动于衷”地看着投食人员

▼ 大胆从队员手中抢走松萝

白头家庭

白头（1997年生）

欢欢（2002年生）

迎迎（1999年生）

短尾巴（1999年生）

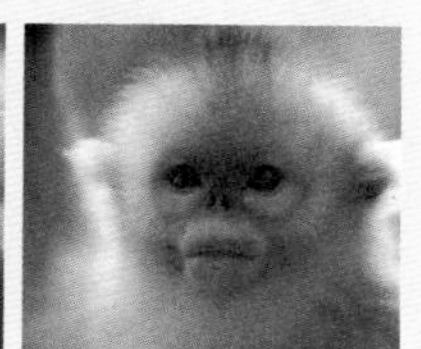
开心（2010年生）

大胆家庭

大胆（2001年生）

糊糊（1997年生）

乖乖（2006年生）

老尼（1997年生）

俊俊（1996年生）

小新家庭

小新（2002年生）

龙龙（2001年生）

宝宝（2002年生）

天天（2005年生）

红孩儿（2006年生）

妮妮（2001年生）

牛牛家庭

牛牛（2004年生）

环环（1997年生）

小贝（2007年生）

雪儿（2008年生）

小糊（2006年生）

全雄单元

长毛（1993年生）

大杨（1996年生）

晓忠（2008年生）

小白（2007年生）

豁耳朵（1995年生）

小范（1996年生）

九娃（2009年生）

五一（2007年生）

厚厚（2008年生）

银锁（2009年生）

曲曲（2008年生）

星星（2008年生）

断尾（1998年生）

小红头（2007年生）